学习

Eureka Math®
1年级
模块 2 和 3

Great Minds PBC is the creator of Eureka Math®,
Wit & Wisdom®, Alexandria PlanTM, and PhD ScienceTM.

Published by Great Minds PBC. greatminds.org

Copyright © 2020 Great Minds PBC. All rights reserved. No part of this work may be reproduced or used in any form or by any means—graphic, electronic, or mechanical, including photocopying or information storage and retrieval systems—without written permission from the copyright holder.

ISBN 978-1-64929-246-9

1 2 3 4 5 6 7 8 9 10 CCD 25 24 23 22 21 20

Printed in the USA

学习♦练习♦成功

Eureka Math® 的学生教材 A Story of Units® (幼儿园到 5 年级) 可以在学习、练习、成功三合一 课程中取得。本系列支持差异学习和辅导,同时保持学生教材条理清晰
且易于使用。教育人员会发现学习、练习和成功系列还具备连贯性的
介入响应模式 (Response to Intervention / RTI),因此学习更有效率,并提供额外练习和夏季学习资源。

学习

Eureka Math 学习可作为学生展示自己的想法、分享他们知道的内容、看著他们每天累积知识的 课堂伙伴。学习通过容易存放和浏览的书册集合了每日的 课堂作业—应用问题、退出票、问题集、模版。

练习

每堂 Eureka Math 课程从一系列充满活力、欢乐的掌握度活动开始进行,包括 Eureka Math 练习的内容。精通数学的学生可以更深入地掌握更多教材。通过练习,学生将掌握新习得的技能,并加强以前的学习,为下一堂 课做准备。

学习和练习提供学生用于核心数学教学所需的所有印刷教材。

成功

Eureka Math 成功让学生可以独自学习并精通内容。每一 课的额外习题集都与 课堂的教学一致,因此非常适合当作家庭作业或额外练习。每个习题集都伴随一个家庭作业助手,它是一组说明如何解决类似问题的练习例题。

老师和导师可以使用前一年级的 成功课本作为 课程一致性的工具,以填补基础知识的落差。随着熟悉的模型促进与当前年级内容的联系,学生将蓬勃发展,并更快地进步。

学生、家庭和教育人员：

谢谢您加入 *Eureka Math*® 社区，我们在此赞扬数学带来的乐趣、美好和震撼。

通过丰富的经验和对话，新的学习会在 *Eureka Math* 的课堂中获得启发。学习课本将学生所需的提示和问题顺序交到他们的手中，以展现并巩固他们在课堂里的学习。

学习 课本里有什么内容？

应用题： 解决现实世界脉络的问题是 *Eureka Math* 日常教学的一部分。学生在各种全新的情况下运用他们的知识，可建立信心和毅力。本课程鼓励学生使用 RDW 流程—阅读问题，画图以理解问题，并写出算式和解题方法。当学生分享他们的作业并互相解释他们的解题策略时，教师会提供帮助。

习题集： 精心安排的问题集让学生有机会能在课堂上进行独立作业，并提供多种不同的切入点。老师可以使用"准备和定制"流程为每个学生选择"必须做"的题目。某些学生会比其他人完成更多题目；重要的是，通过老师稍微的提点，所有学生都有 10 分钟的时间立即练习所学内容。

学生将问题集带到每堂课的高峰点——学生汇报。在此学生会与同学和老师进行反思，说明并强化他们当天有疑问、注意到和学习到的东西。

退出票： 学生通过每日的退出票向老师展示他们的知识。这项理解程度的检查为老师提供了当天教学成果的珍贵实时证据，进而为下一次的教学重点提供重要的洞见。

模板： 有时，"应用题"、"习题集"或其他课堂活动要求学生拥有自己的图片副本、可重复使用的模型或数据集。这些模版会在需要用到的第一堂课提供。

在哪里可以了解更多 Eureka Math的资源？

Great Minds® 团队致力于通过不断扩充的资源库为学生、家庭和教育人员提供强有力的支持，请访问：eureka-math.org 。该网站还在尤里卡数学社区提供了一些令人振奋的成功案例。通过成为尤里卡数学优胜者与其他用户分享您的见解和成就。

祝福您一整年都充满着灵光乍现的时刻！

Jill Diniz

吉尔·迪尼兹（Jill Diniz）
数学总监
Great Minds

读–画–写流程

Eureka Math 课程让老师通过简单且可重复的教学流程支持学生解决问题。读–画–写(RDW)流程要求学生

1. 阅读习题。
2. 画图与标记。
3. 写出算式。
4. 写出句子(陈述)。

本课程鼓励教育人员加入以下问题来加强教学流程,例如:

- 你看到了什么?
- 你能画点东西吗?
- 你可以从图画中得出什么结论?

通过这种系统性与开放性的方法,学生参与问题推理的程度越深,他们就越能将思考过程内化吸收,并且在未来更能直觉性地应用这些技能。

目录

模块 2：通过在 20 以内的加减法来介绍数值

主题A：使用计数或组成十来解决结果未知和总数未知问题

第 1 课 3

第 2 课 9

第 3 课 15

第 4 课 21

第 5 课 27

第 6 课 33

第 7 课 39

第 8 课 45

第 9 课 51

第 10 课 57

第 11 课 63

主题B：使用计数或十减来解决结果未知和总数未知问题

第 12 课 69

第 13 课 77

第 14 课 83

第 15 课 89

第 16 课 95

第 17 课 101

第 18 课 107

第 19 课 115

第 20 课 121

第 21 课 129

主题C：解决变化未知或加数未知问题的策略

第 22 课 135

第 23 课 139

第 24 课 145

第 25 课 151

主题D：把十三至十九数字分解为 1 个十和一些一的各种问题

第 26 课 157

第 27 课 163

第 28 课 169

第 29 课 175

模块 2：排序和比较长度测量值作为数字

题目A：长度测量的间接比较

第 1 课 183

第 2 课 189

第 3 课 199

主题B：标准长度单位

第 4 课 207

第 5 课 215

第 6 课 221

主题C：非标准和标准长度单位

第 7 课 229

第 8 课 235

第 9 课 241

主题D：数据解释

第 10 章 249

第 11 课 255

第 12 课 261

第 13 课 267

1年级

模块 2

单位的故事　　　　　　　　　　　　　　　　　　　　　第 1 课应用题　　1•2

读

John、Emma 和 Alice 各有 10 颗葡萄干。John 吃了 3 颗葡萄干，Emma 吃了 4 颗葡萄干，Alice 吃了 5 颗葡萄干。他们现在有多少颗葡萄干？为每一个写一个数字链和一个算式。

画

第 1 课：　　用三个加数来解决文字问题，其中两个加成十。

写
_____

_____

_____

姓名 _____   日期 _____

阅读数学故事。用标签制作一个简单的数学绘图。圈出 10 和解决。

1. Bill 去了商店。他买了 1 个苹果、9 个香蕉和 6 个梨。他总共买了几个水果？

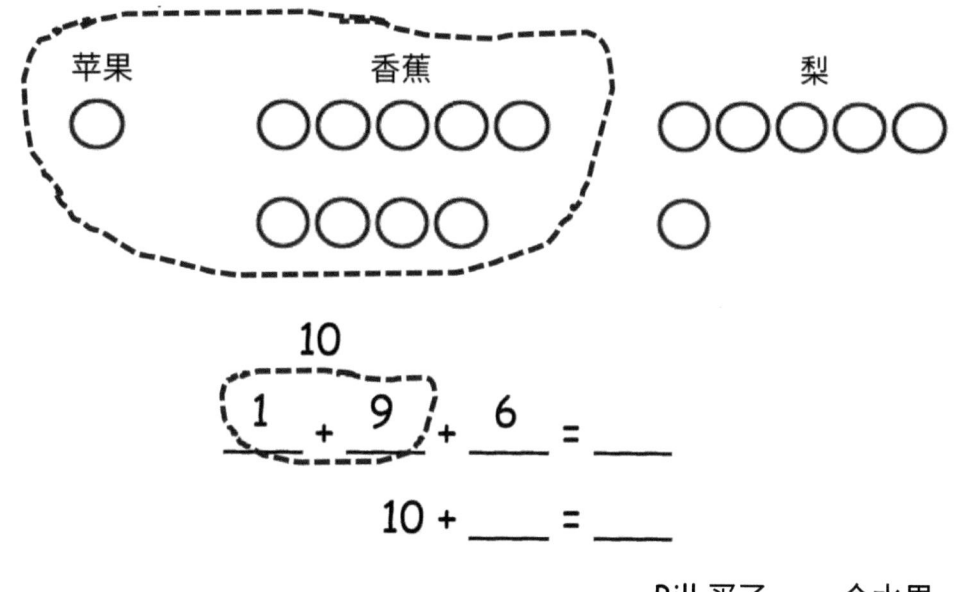

$$\underline{1} + \underline{9} + \underline{6} = \underline{}$$

$$10 + \underline{} = \underline{}$$

Bill 买了 ____ 个水果。

2. Maria 过生日收到了一些新玩具。她收到了 4 个洋娃娃、7 个球和 3 个游戏。她收到了几个玩具？

$$\underline{} + \underline{} + \underline{} = \underline{}$$

$$10 + \underline{} = \underline{}$$

Maria 收到了 ____ 个玩具。

3. Maddy 去池塘捉了 8 只虫子、3 只青蛙和 2 只蝌蚪。她一共抓了几只动物？

___ + ___ + ___ = ___

10 + ___ = ___

Maddy 抓了___只动物。

4. Molly 首先带着 4 个红气球到达了聚会。Kenny 紧随其后，带着 2 个绿色气球。Dara 最后到，带着 6 个蓝色气球。这些朋友带了多少个气球？

___ + ___ + ___ = ___

10 + ___ = ___

带了___气球。

姓名 _____ 日期 _____

阅读数学故事。用标签制作一个简单的数学图。圈出 10 和解决。

Toby 有一些买冰淇淋的钱。他有 2 毛钱。他在外套中发现例外 4 毛钱,又在桌子上找到例外 8 毛钱。Toby 有多少毛钱?

____ + ____ + ____ = ____

10 + ____ = ____

Toby 有 ____ 毛钱。

第 1 课: 用三个加数来解决文字问题,其中两个加成十。

单位的故事　　　　　　　　　　　　　　　　　　　　　　　　　　　　第 2 课 应用题　1•2

读

Lisa 正在读一本书。她第一个晚上阅读了 6 页，第二天晚上阅读了 5 页，第三天晚上阅读了 4 页。她读了几页？

画一个图来表达你的想法。写一个陈述来配合你的作法。

扩展： 如果她到了第五天晚上总共阅读了 20 页，那么在第四天晚上和第五天晚上她可以阅读几页？

画

写

第 2 课：　　使用相关特许和共同特性使三个加数成为十。

第2课：使用相关特许和共同特性使三个加数成为十。

姓名 _____ 日期 _____

(圈出) 组成十的数字。画一张图。完成算式。

1. (7)+(3)+ 4 = ☐

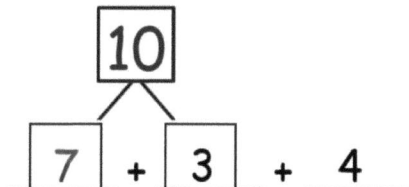

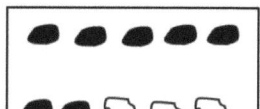

10 + ____ = ____

2. 9 + 1 + 4 = ☐

____ + ____ + ____ (10)

10 + ____ = ____

3. 5 + 6 + 5 = ☐

____ + ____ + ____ (10)

10 + ____ = ____

4. 4 + 3 + 7 = ☐

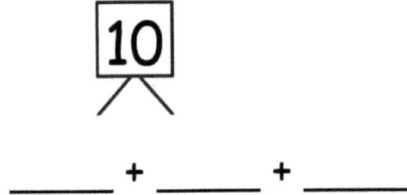

___ + ___ + ___

10 + ___ = ___

5. 2 + 7 + 8 = ☐

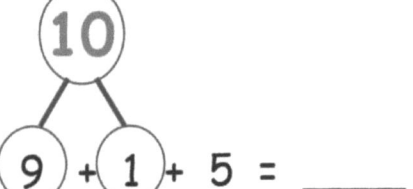

___ + ___ + ___

10 + ___ = ___

圈出 组成十的数字。将它们放入数字链,然后求解。

6. ⑩
   ／ ＼
   ⑨ + ① + 5 = ____

7. 8 + 2 + 4 = ____

8. 3 + 5 + 5 = ____

9. 3 + 6 + 7 = ____

姓名 _____   日期 _____

(圈出) 组成十的数字。

画一幅画,并完成算式来解题。

a. 8 + 2 + 3 = ____

____ + ____ = ____

10 + ____ = ____

---

b. 7 + 4 + 3 = ____

____ + ____ = ____

10 + ____ = ____

单位的故事　　　　　　　　　　　　　　　　　　　　　　第 3 课应用题　1•2

读

Tom 的母亲给了他 4 分钱。父亲给了他 9 分钱。他的姐姐给了他足够的钱，所以他现在总共有 14 分钱。他的姐姐给他几分钱？使用绘图、算式和陈述。

扩展： 他还需要几分钱才会有 19 分钱？

画

写

第 3 课：　　一个加数为 9 时组成十。

第3课: 一个加数为9时组成十。

姓名 _____ 日期 _____

画和(圈出)展示您如何组成十来帮助您解决问题。

1. Maria 有 9 个雪球，Tony 有 6 个雪球。他们总共有多少个雪球？

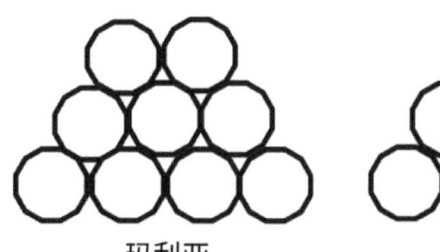

玛利亚　　　　　托尼

9 和 _____ 等于 _____。

10 和 _____ 等于 _____。

Maria 和 Tony 总共有 _____ 个雪球。

2. Bob 有 9 颗葡萄干，Johnny 有 4 颗。他们总共有多少颗葡萄干？

9 + ___ = ___

10 + ___ = ___

Bob 和 Johnny 总共有 _____ 颗葡萄干。

第 3 课： 一个加数为 9 时组成十。

3. 教室左侧有 3 张椅子，右侧有 9 张椅子。教室里总共有几张椅子？

$$9 + \underline{} = \underline{}$$

$$10 + \underline{} = \underline{}$$

总共有 _____ 将椅子。

4. 有 7 个孩子坐在地毯上，有 9 个孩子站在地毯上。总共有几个孩子？

$$9 + \underline{} = \underline{}$$

$$10 + \underline{} = \underline{}$$

总共有 _____ 个孩子。

姓名 _____   日期 _____

画和 ⟨圈出⟩ 展示如何使用组成十来解题。完成算式。

Tammy 有 4 本书,John 有 9 本书。Tammy 和 John 总共有几本书?

___ + ___ = ___

___ + ___ = ___   Tammy 和 John 有 ___ 本书。

第 3 课:　　一个加数为 9 时组成十。

读

Michael 在早上种 9 棵花。然后他在下午种了 4 棵花。一天结束时他种了几棵花？组成一个图画、数字链和陈述。

画

写

_____

_____

_____

第 4 课: 一个加数为 9 时组成十。

姓名 _____   日期 _____

将图片更改为组成十。写出比较简单的算式并解题。

1. Tom 有 9 支红色铅笔和 5 支黄色铅笔。Tom 总共有几支铅笔？

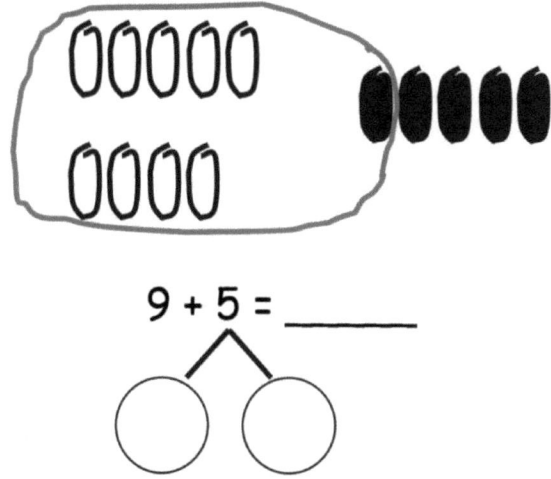

9 + 5 = _____

10 支铅笔 + ____支铅笔 = _____支铅笔

圈出 10, 然后解决。

2. 9 + 3

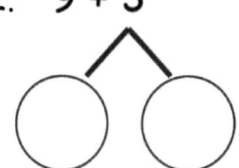

10 + ____ = _____

3. 4 + 9

10 + ____ = _____

解题。用十框架来制作数学绘图以显示您是如何用组成 10 来解决的。

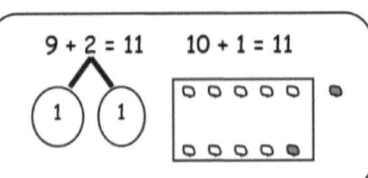

4. 9 + 5 = ___

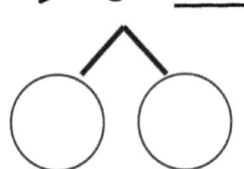

___ + ___ = ___

5. 6 + 9 = ___

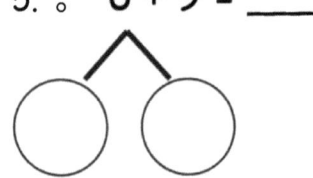

___ + ___ = ___

6. 8 + 9 = ___

___ + ___ = ___

解题。使用数字链显示您如何组成十。

7. 5 + 9 = _____

8. _____ = 9 + 7

姓名 _____ 日期 _____

解题。

用十框架来制作数学绘图以显示您是
如何用组成 10 来解决的。

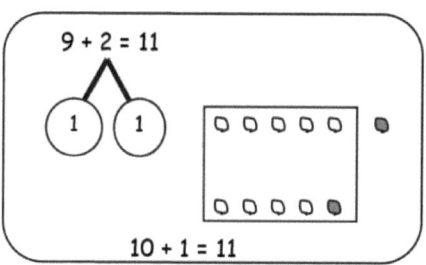

1.　6 + 9 = ____

2.　____ = 4 + 9

10 + ____ = ____

____ + ____ = ____

读

一棵树上有 9 只红鸟和 6 只蓝鸟。树上有多少只鸟？使用一个十框架图和一个算式。写一个数字链以匹配故事，以及写一个数字链以显示匹配 10+ 事实。写一个陈述。

画

写

姓名 _____   日期 _____

使用组成十来解题。使用数字链来显示您如何拿掉 1。

1. Sue 有 9 个网球和 3 个足球。她有几个球?

   9 + 3 = ____   10 + ___ = ___

   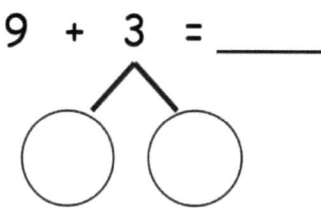

   Sue 有_____个球。

2.   9 + 4 = ____   10 + ___ = ___

   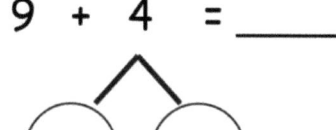

使用数字链来表达您的想法。写 10 + 事实。

3. 9 + 2 = ____   ____ + ____ = ____

4. 9 + 5 = ____   ____ + ____ = ____

5. 9 + 4 =   ____ + ____ = ____

6. 9 + 7 = _____   _____ + _____ = _____

7. 9 + _____ = _____   10 + 7 = _____

完成加数算式。

8. a. 10 + 1 = _____ 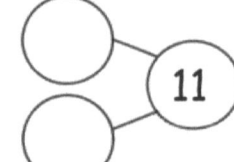   b. 9 + 2 = _____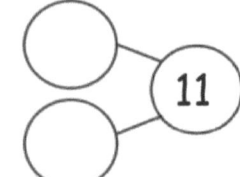

9. a. 10 + 8 = _____    b. 9 + 9 = _____

10. a. 10 + 7 = _____ 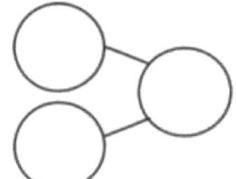   b. 9 + 8 = _____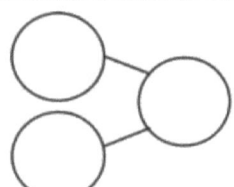

11. a. 5 + 10 = _____ 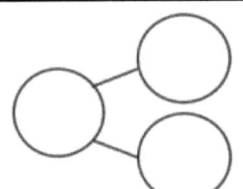   b. 6 + 9 = _____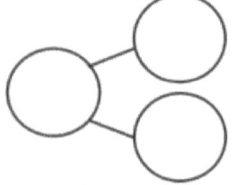

12. a. 6 + 10 = _____ 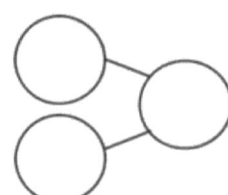   b. 7 + 9 = _____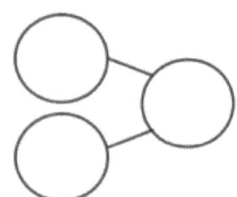

姓名 _____   日期 _____

完成算式。
使用有效的策略来解决算式。

 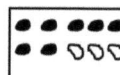 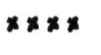 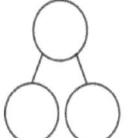

1. 9 + 2 = ____

2. 7 + 9 = ____

3. ____ = 9 + 5

第 5 课： 当一个加数为 9 时比较计数和组成十的效率。

单位的故事 | 第 6 课应用题 | 1•2

读

秋千上有 6 个孩子，另外有 9 个孩子在玩捉人游戏。有多少孩子在操场上玩？使用组成十来解题。创建一个图画、一个数字链和一个算式以配合您的陈述。

画

第 6 课： 使用共同特性来组成十。

写

姓名 _____ 日期 _____

解题。第一个已经为您完成。 写相关的 10+ 事实的数字链。

1.
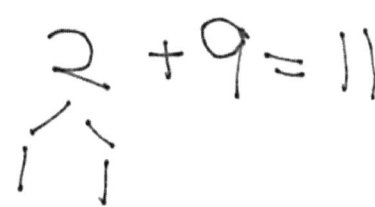
9 + 2 = 11   2 + 9 = 11

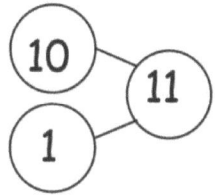

2. 9 + 6 = ____   6 + 9 = ____

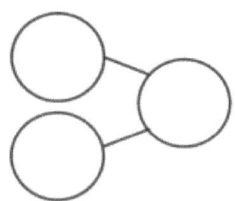

3. 7 + 9 = ____   9 + 7 = ____

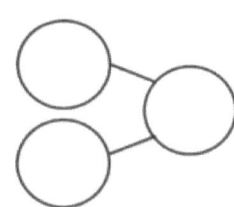

使用数字链来表达您的想法。写相关的 10+ 事实。

4. 9 + 4 = ____   ____ + ____ = ____

5. 3 + 9 = ____   ____ + ____ = ____

6. 9 + 5 = ____   ____ + ____ = ____

7. 匹配相同的表达式。

a. 9 + 3   10 + 4

b. 5 + 9   10 + 0

c. 9 + 6   10 + 2

d. 8 + 9   10 + 5

e. 9 + 7   10 + 7

f. 9 + 1   10 + 6

8. 完成加法句子以使它们正确。

a. 2 + 10 = _____   b. 7 + 9 = _____   c. _____ + 10 = 14

d. 3 + 9 = _____   e. 3 + 10 = _____ f. _____ + 9 = 14

g. 10 + 9 = _____   h. 8 + 9 = _____   i. _____ + 7 = 17

j. 5 + 9 = _____   k. _____ + 10 = 18 l. _____ + 9 = 17

m. 6 + 10 = _____   n. _____ + 9 = 16

姓名 _____ 日期 _____

1. 解题。使用数字链来表达您的想法。写相关的 10+ 事实的数字链。

   9 + 5 = ____   5 + 9 = ____

   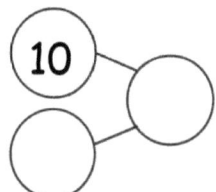

---

2. 解题。画一条线以匹配相关事实并写下相关的 10+ 事实。

   a. | 9 + 7 = ____ | | ____ = 9 + 8 |

   b. | ____ = 6 + 9 | | 7 + 9 = ____ | $10 + 6 = 16$

   c. | 8 + 9 = ____ | | 9 + 6 = ____ |

第 6 课:　　使用共同特性来组成十。

单位的故事 第7课应用题 1•2

读

Stacy 制作了 6 张图画。Matthew 制作了 2 张图画。Tim 制作了 4 张图画。他们总共制作了多少张图画？使用一个图画、一个算式和一个陈述来匹配故事。

画

第 7 课： 一个加数为 8 时组成 10。

写

_____

_____

_____

第 7 课: 一个加数为 8 时组成 10。

姓名 _____　　　日期 _____

圈出 以展示您如何组成十来帮助您解决问题。

1. John 有 8 个网球。Toni 有 5 个。他们总共有几个网球？

John

Toni

8 和 _____ 等于 _____ 。

10 和 _____ 等于 _____.

John 和 Toni 总共有 _____ 个网球。

2. Bob 有 8 颗葡萄干，Jenny 有 4 颗。他们总共有多少颗葡萄干？

8 和 _____ 等于 _____ 。

10 和 _____ 等于 _____.

Bob 和 Jenny 总共有 _____ 颗葡萄干。

第 7 课：　一个加数为 8 时组成 10。

3. 教室右侧有 3 张椅子，左侧有 8 张椅子。教室里总共有几张椅子？

   8 和 _____ 等于 _____。

   10 和 _____ 等于 _____。

   总共有 _____ 张椅子。

4. 有 7 个孩子坐在地毯上，有 8 个孩子站在地毯上。总共有几个孩子？

   8 和 _____ 等于 _____。

   10 和 _____ 等于 _____。

   总共有 _____ 个孩子。

姓名 _____   日期 _____

绘画、标记和（圈出）展示您如何组成十来帮助您解决问题。

写下您用来解题的算式。

Nick 采摘一些辣椒。他采摘了 5 个青椒和 8 个红椒。他总共采摘了多少个辣椒？

8 和 _____ 等于 _____ 。

10 和 _____ 等于 _____ 。

Nick 采摘了个 _____ 辣椒。

第 7 课：　　一个加数为 8 时组成 10。

读

一棵树第一天掉 8 片叶子,第二天掉 4 片叶子。两天结束时,那棵树掉了几片叶子?使用一个数字链、一个算式和一个陈述来匹配故事。

扩展: 第三天,树掉了 6 片叶子。到第三天结束,它掉了几片叶子?

画

第 8 课: 一个加数为 8 时组成 10。

写
_____

_____

_____

姓名 _____ 日期 _____

圈出 来组成十。写 10+算式并解题。

1. Tom 只有 8 条金鱼和 5 条神仙鱼。Tom 总共有几条鱼？

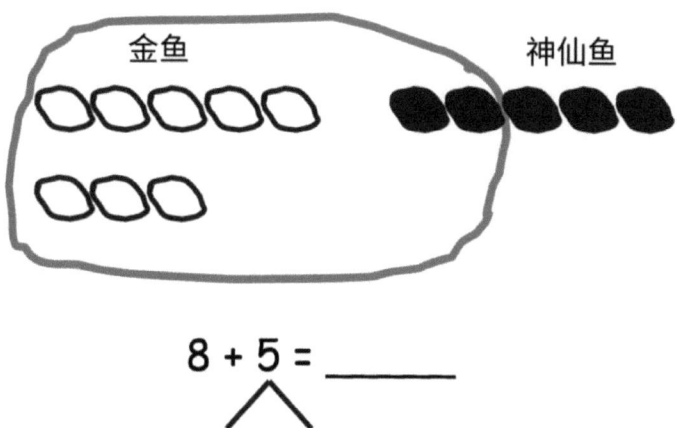

8 + 5 = _____

10 条鱼+ _____ 条鱼 = _____ 条鱼

通过画圈来组成十并解题。

2. 8 + 3 = ___

10 + ____ = ____

3. 4 + 8 = ___

10 + ____ = ____

| 单位的故事 | 第 8 课问题集 | 1•2 |

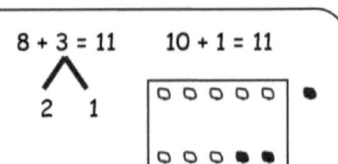

解题。用十框架来制作数学绘图以显示您是如何用组成 10 来解决的。

4. 8 + 4 = ___   　　___ + ___ = ___

5. 6 + 8 = ___   　　___ + ___ = ___

6. 8 + 5 = ___   　　___ + ___ = ___

解题。使用数字链显示您如何组成十。

7. 5 + 8 = ___

8. ___ = 8 + 7

第 8 课：　　一个加数为 8 时组成 10。

姓名 _____ 日期 _____

用十框架来制作数学绘图以解题。重写为 10+算式。

1. 6 + 8 = ___

10 + ___ = ___

2. ___ = 4 + 8

___ + ___ = ___

读

一只松鼠早上发现了 8 个坚果，下午发现了 5 个坚果，晚上发现了 2 个坚果。松鼠总共发现了多少个坚果？

扩展： 第二天，松鼠在早上发现了 3 个坚果，在下午发现了 1 个坚果，在晚上发现了 1 个坚果。它在这两天收集了多少个坚果？

画

单位的故事　　　　　　　　　　　　　　　　　　　　　　　　第 9 课应用题

写

第 9 课：　当一个加数为 8 时比较计数和组成十的效率。

姓名 _____ 日期 _____

使用组成十来解题。使用数字链来显示您如何拿掉 2 来组成十。

1. Ben有 8 颗绿色葡萄和 3 颗紫色葡萄。他有几颗葡萄?

    8 + 3 = _____   10 + _____ = _____

                                          Ben ____ 有颗葡萄。

2. 8 + 4 = _____   10 + _____ = _____

使用数字链来表达您的想法。写 10 +事实。

3. 8 + 5 = _____   _____ + _____ = _____

4. 8 + 7 = _____   _____ + _____ = _____

5. 4 + 8 = _____   _____ + _____ = _____

6. 7 + 8 = _____   _____ + _____ = _____

7. 8 + _____ = 17   _____ + _____ = _____

完成加法算式和数字链。

8. a. 10 + 1 = ___ 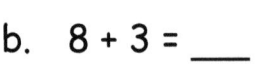   b. 8 + 3 = ___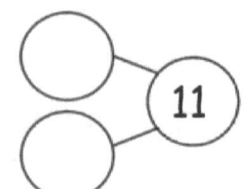

9. a. 10 + 5 = ___ 15   b. 8 + 7 = ___ 15

10. a. 10 + 6 = ___ 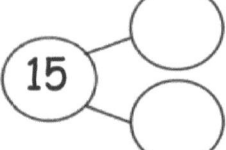   b. 8 + 8 = ___

11. a. 2 + 10 = ___ 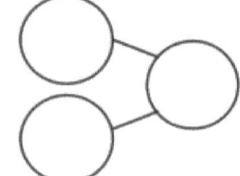   b. 4 + 8 = ___

12. a. 4 + 10 = ___ 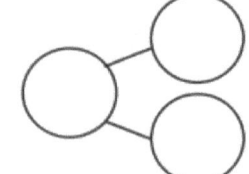   b. 6 + 8 = ___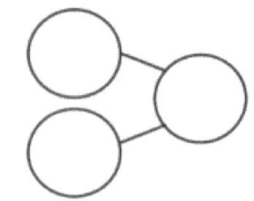

姓名 _____ 日期 _____

1. Seyla 的收藏中有 3 枚邮票。她父亲又给她 8 枚邮票。她现在有几枚邮票？
   展示你如何组成十，然后写 10+事实。

   3 + 8 = _____   10 + _____ = _____

2. 完成加法算式和数字链。

   a. 8 + 6 = _____   b. 10 + _____ = 14

读

教室门口有 4 个靴子，走廊上有 8 个靴子，教师桌旁边有 6 个靴子。一共有几个靴子？

扩展： 一共有几双靴子？

画

写

姓名 _____   日期 _____

解题。如果需要,请使用数字链或 5-组图画。写下等于十加算式。

1. 4 + 9 = ___

2. 6 + 8 = ___

3. 7 + 4 = ___

10 + ___ = ___

10 + ___ = ___

10 + ___ = ___

---

4. 匹配相同的表达式。

a. 9 + 3   10 + 1

b. 5 + 8   10 + 4

c. 9 + 6   10 + 2

d. 8 + 9   10 + 5

e. 4 + 7   10 + 7

f. 6 + 8   10 + 3

完成加法算式以使它们正确。

	a.	b.	c.
5.	9 + 2 = ___	8 + 4 = ___	7 + 5 = ___
6.	9 + 5 = ___	8 + 3 = ___	7 + 6 = ___
7.	6 + 9 = ___	6 + 8 = ___	4 + 7 = ___
8.	7 + 9 = ___	5 + 8 = ___	7 + 7 = ___
9.	9 + ___ = 17	8 + ___ = 16	7 + ___ = 16
10.	___ + 9 = 15	___ + 8 = 15	___ + 7 = 17

姓名 _____ 日期 _____

解题。如果需要,请使用数字链或 5-组图画。写下等于十加算式。

a.

9 + 5 = ___

10 + ___ = ___

b.

8 + 4 = ___

10 + ___ = ___

c.

7 + 6 = ___

10 + ___ = ___

读

Nicholas 买了 9 个青苹果和 7 个红苹果。Sophia 买了 10 个红苹果和 6 个青苹果。Sophia 认为她比 Nicholas 拥有更多的苹果。她说的对吗？选择一种您已经学会的策略来展示您的作法。然后，写下算式以显示 Nicholas 和 Sophia 分别有多少个苹果。

画

写

_____

_____

_____

姓名 _____   日期 _____

Jeremy 的口袋里有 7 块大石头和 8 块小石头。

Jeremy 有几块石头？

1. 圈出所有与故事正确匹配的学生作业。

a.
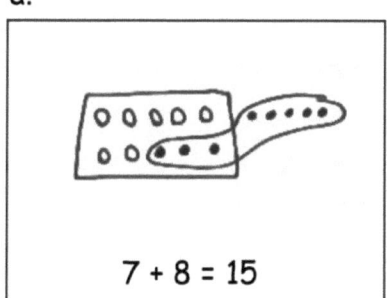
7 + 8 = 15

b.
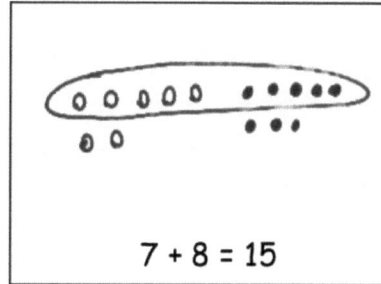
7 + 8 = 15

c.
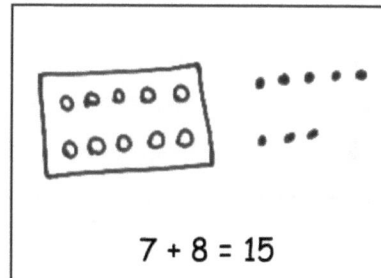
7 + 8 = 15

d.
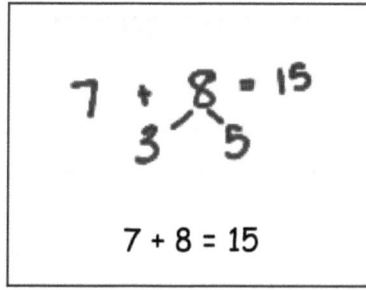
7 + 8 = 15

e.
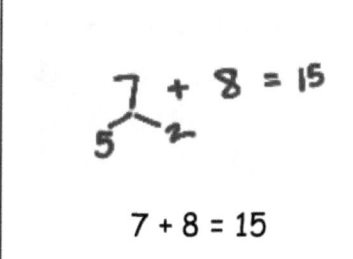
7 + 8 = 15

f.
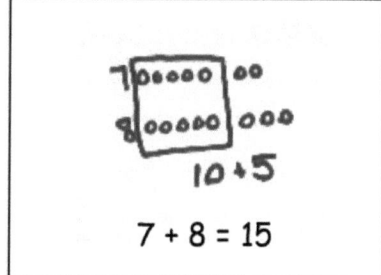
7 + 8 = 15

2. 通过在下面的空格中用匹配的算式制作一个新图画来修复不正确的作业。

自行解决。通过绘画或写作表达您的想法。写一个陈述以回答问题。

3. 派对有 4 个香草蛋糕和 8 个巧克力蛋糕。为聚会准备了多少个蛋糕？

4. 操场上有 5 个女孩和 7 个男孩。操场上有几个学生？

完成后，与一位合作伙伴共享您的解决方案。您的合作伙伴如何解决每个问题？准备分享您的合作伙伴如何解决问题。

单位的故事

姓名 _____ 日期 _____

John 认为以下问题应使用 5-组图画解决，而 Sue 认为应使用数字链解决。用这两种方式解决，并圈出您认为更有效的策略。

Kim 在足球比赛中攻入 5 球，在垒球比赛中得到 8 分。她总共得分多少？

John 的解题方法

Sue 的解题方法

第 11 课： 分享和批评同学对*相加未知总数文字问题*的解决策略。

读

Claudia 买了 8 个红苹果和 9 个青苹果。Claudia 总共有几个苹果？制作一个数学图、算式和陈述来表达您的想法。

扩展： Claudia 吃了 3 个红苹果，她的朋友吃了 4 个青苹果。
Claudia 现在有几个苹果？

画

写

_____

_____

_____

姓名 _____ 日期 _____

制作一个简单的数学图。从 10 个一或其他部分中删除以便展示故事中发生的事情。

1. Bill 有 16 颗葡萄。10 颗在一棵葡萄树上，6 颗在地上。Bill 吃了树上的 9 颗葡萄。Bill 还剩下多少葡萄？

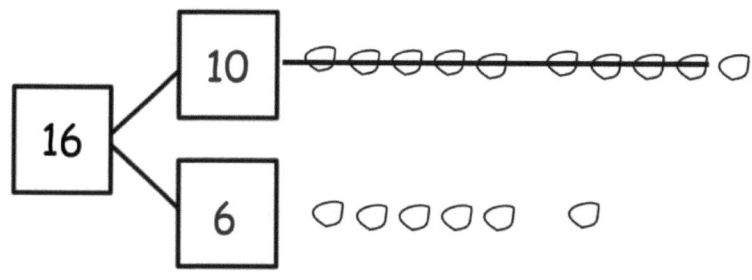

Bill 现在有____颗葡萄。

2. 池塘里有 12 只青蛙。10 只在睡莲叶上，2 只在水中。9 只青蛙跳离睡莲然后离开池塘。池塘里有几只青蛙？

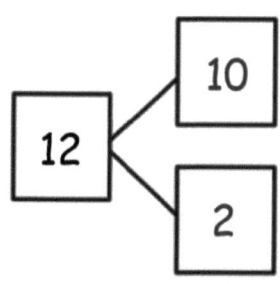

有____只青蛙还在池塘里。

3. Kim 有 14 张贴纸。第一页上有 10 张贴纸，第二页上有 4 张贴纸。Kim 从第一页丢失 9 张贴纸。她的书里还有几张贴纸？

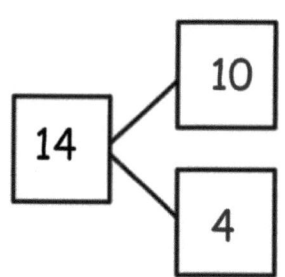

Kim 在书中有____张贴纸。

第 12 课： 用 10 减 9 来解决文字问题。

4. 一个纸箱里有 10 个鸡蛋，一个碗里有 5 个鸡蛋。Joe 的父亲煮了 9 个纸箱里的鸡蛋。还剩下几个鸡蛋？

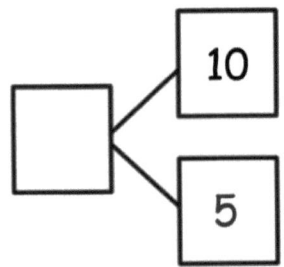

剩下____个鸡蛋。

5. Jana 桌上有 10 个包装好的礼物，地板上有 7 个包装好的礼物。她从桌上拆开了 9 份礼物。有多少份礼物仍然在包装里？

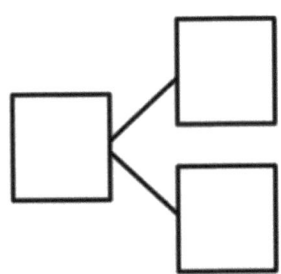

Jana 有____份礼物仍然在包装里。

6. 托盘上有 10 个纸杯蛋糕，桌上有 8 个纸杯蛋糕。托盘上有 9 个香草味纸杯蛋糕。其余的纸杯蛋糕是巧克力。有多少个巧克力纸杯蛋糕？

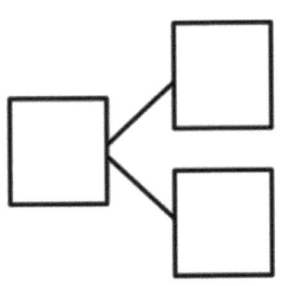

有____个巧克力纸杯蛋糕。

姓名 _____   日期 _____

制作一个简单的数学图。从 10 个一或其他部分中删除以便展示故事中发生的事情。

桌子上有 16 本书。10 本关于恐龙。6 本关于鱼。一个学生拿了 9 本关于恐龙的书。桌子上还剩下几本书？

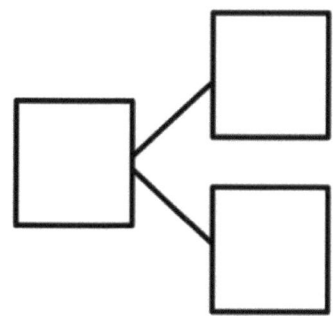

桌子上剩下___本书。

| 单位的故事 | 第 12 课掌握度模板 2 | 1•2 |

OOOOO　OOOOO

5-组行插入

第 12 课： 用 10 减 9 来解决文字问题。

读

十个雪花落在 Sam 的手套上，6 个落在他的外套上。Sam 的手套上的九个雪花融化了。还剩下多少雪花？写一个减法算式以显示还剩下多少雪花。

画

写

_____

_____

_____

姓名 _____   日期 _____

解题。使用 5-组行,然后删掉以显示您的作法。

1. Mike 在一个盘子上放 10 块饼干,在一个盒子里放 3 块饼干。他从盘子里吃了 9 块饼干。还剩多少饼干?

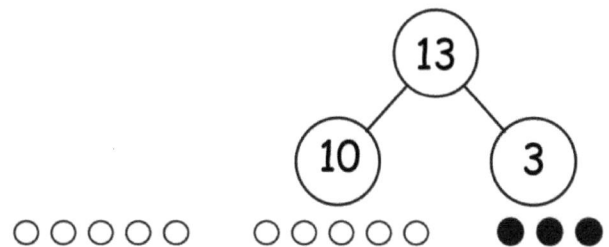

Mike 剩下___块饼干。

2. Fran 在一个盒子里有 10 根蜡笔,在桌子上有 5 根蜡笔。Fran 从盒子里借给了 Bob 9 根蜡笔。Fran 还可以使用几根蜡笔?

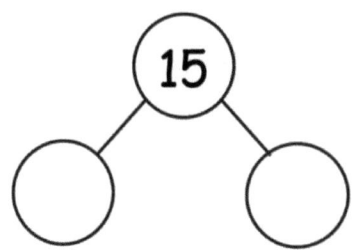

Fran 还可以使用___根蜡笔。

3. 池塘里有 10 只鸭子,陆地上有 7 只鸭子。池塘里的 9 只鸭子是婴儿,其余的鸭子都是成年。那里有几只成年鸭子?

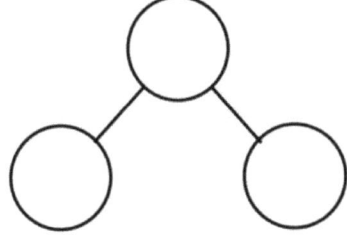

有___只成年鸭子。

单位的故事　　　　　　　　　　　　　　　　　　　　第 13 课问题集　　1•2

与一位合作伙伴一起创建你们自己的故事以进行匹配，并解决算式。制作一个数字链以便将整体显示为 10 和一些一。绘制 5-组行以匹配您的故事。在行上写下完整的算式。

4. 16 − 9 = ☐

_____   _____

5. 12 − 9 = ☐

_____   _____

6. 19 − 9 = ☐

                         _____

第 13 课：　用 10 减 9 来解决文字问题。

姓名 _____ 日期 _____

解题。填写数字链。使用 5-组行,然后删掉以显示您的作法。

Gabriela 的头发里有 4 个发夹,而她的卧室中有 10 个发夹。她把房间里的 9 个发夹给了姐姐。Gabriela 现在有多少个发夹?

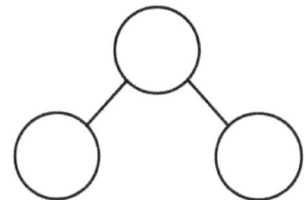

Gabriela 有 ___ 个发夹。

读

Sarah 的包里有 6 个蓝色珠子，口袋里有 4 个绿色珠子。

她赠送了 6 个蓝色珠子和 3 个绿色珠子。她剩下多少珠了？

画

第 14 课： 从十三至十九减去 9 的模型。

写

第14课: 从十三至十九减去9的模型。

姓名 _____ 日期 _____

1. 匹配图片与算式。

   a. 11 − 9 = 2

   b. 14 − 9 = 5

   c. 16 − 9 = 7

   d. 18 − 9 = 9

   e. 17 − 9 = 8

(圈出) 10 然后减去。

2. 12 − 9 = ____

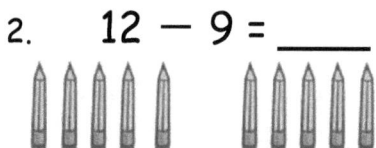

3. 14 − 9 = ____

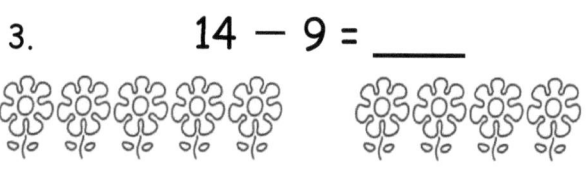

第 14 课: 从十三至十九减去 9 的模型。

4. 15 − 9 = ____

5. 13 − 9 = ____

6. 16 − 9 = ____

7. 17 − 9 = ____

画和 (圈出) 10。然后减去。

8. 12 − 9 = ____

9. 13 − 9 = ____

10. 14 − 9 = ____

11. 15 − 9 = ____

姓名 _____   日期 _____

画和 ⟨圈出⟩ 10。解决并建立一个数字链。

1. 17 − 9 = ___

2. 14 − 9 = ___

3. 15 − 9 = ___

4. 18 − 9 = ___

读

Julian 有 7 支记号笔。他的母亲又给了他 8 支。他弄丢了 9 支记号笔。他还剩下多少支？

画

写

第15课： 从十三至十九减去9的模型。

姓名 _____ 日期 _____

1. 匹配图片与算式。

   a. 13 − 9 = 4
   b. 14 − 9 = 5
   c. 17 − 9 = 8
   d. 18 − 9 = 9
   e. 16 − 9 = 7

绘制 5-组行。可视化然后划掉以便解题。完成算式。

2. 11 − 9 = ___

3. 13 − 9 = ___

4. 16 − 9 = ___

5. 17 − 9 = ___

第 15 课： 从十三至十九减去 9 的模型。

6. 14 − 9 = ___

7. 13 − 9 = ___

8. 12 − 9 = ___

9. 15 − 9 = ___

10. 显示组成 10 和减去 10 来完成两个算式。

    a. 5 + 9 = ___

    b. 14 − 9 = ___

11. 为问题 10 制作一个数字链。写两个使用该数字链的额外数字链。

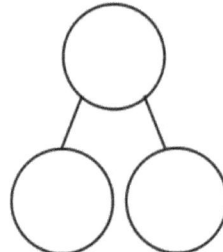
_____   _____

姓名 _____ 日期 _____

绘制 5-组行,然后划掉以解题。完成算式。

1. 17 − 9 = __

2. 19 − 9 = __

第 15 课: 从十三至十九减去 9 的模型。

读

架子上有 16 件外套。九名学生带上外套去外面。架子上还有几件外套?

扩展: 如果再有 4 个学生把外套带到外面去,那么还会挂着几件外套?

画

写

姓名 _____ 日期 _____

通过计算(a)并使用数字链减去十(b)来解决该问题。

1. Lucy 在她的生日聚会上有 12 个气球。她把 9 个气球给了她的朋友们。她还剩下几个气球？

   a. 12 - 9 = ___

   b. 12 - 9 = _____
      ∧

   Lucy _____ 剩下个气球。

2. Justin 的盘子里有 15 颗蓝莓。他吃了其中的 9 颗。他剩下多少颗可以吃？

   a. 15 - 9 = ___

   b. 15 - 9 = _____
      ∧

   Justin _____ 剩下颗蓝莓可以吃。

通过使用减去十策略和计数来完成减法算式。说出您希望在问题 3 和问题 4 中使用哪种策略。

3. a. 11 - 9 = ___   b. 11 - 9 = ___   ☐ 减去十策略
                         ∧   ☐ 计数

4. a. 18 - 9 = ___   b. 18 - 9 = ___   ☐ 减去十策略
                         ∧   ☐ 计数

5. 考虑如何解决以下减法问题：

16 − 9	12 − 9	18 − 9
11 − 9	15 − 9	14 − 9
13 − 9	19 − 9	17 − 9

选择您认为哪些问题比较容易用从 9 计数来解决，哪些问题比较容易使用减去十策略来解决。。将问题写在下面的框中。

使用 *计数* 策略的问题：	使用从 *减去十* 策略的问题：

有没有任何问题是使用这两种方法都一样容易解决？您有没有使用了其他方法解决任何问题？

姓名 _____ 日期 _____

通过使用计数和减去十大策略来完成减法算式。

1. a. 13 - 9 = ___   b. 13 - 9 = ___
                           ∧

2. a. 17 - 9 = ___   b. 17 - 9 = ___
                           ∧

第16课： 关联计数和减去十策略。

读

Gisella 的书包里有 13 支记号笔。八支记号笔从袋子里掉了出来。Gisella 现在有多少支记号笔？

画

写
_____

_____

_____

第 17 课： 从十三至十九减去 8 的模型。

姓名 _____　　　　**日期** _____

1. 匹配图片与算式。

   a. 12 − 8 = 4

   b. 17 − 8 = 9

   c. 16 − 8 = 8

   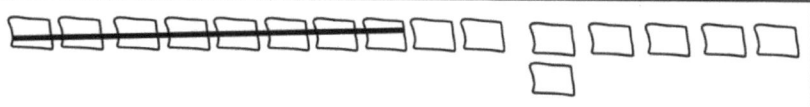

   d. 18 − 8 = 10

   e. 14 − 8 = 6

圈出 10 并减去

2. 13 − 8 = ___

3. 11 − 8 = ___

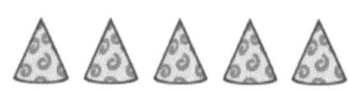

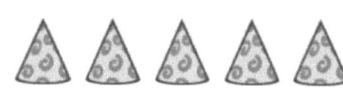

4. 15 − 8 = _____

5. 19 − 8 = _____

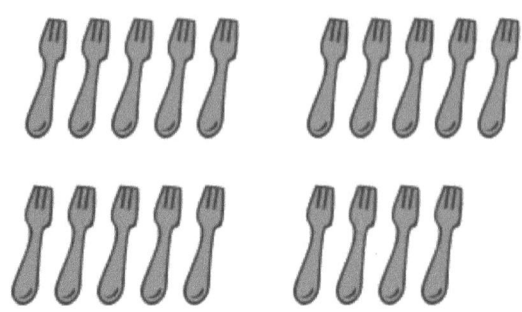

6. 16 − 8 = _____

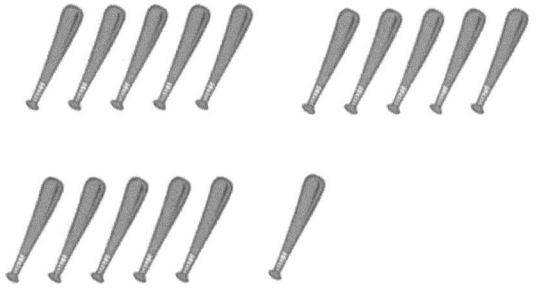

7. 17 − 8 = _____

绘画和圈出 10，**或**用数字链将十三至十九分解。然后减去。

8. 12 − 8 = _____

9. 13 − 8 = _____

10. 14 − 8 = _____

11. 15 − 8 = _____

姓名 _____   日期 _____

1. 画和 (圈出) 10。然后减去。

   a. 12 − 8 = ___

   b. 14 − 8 = ___

2. 使用数字链将十三至十九分解。然后减去。

   15 - 8 = ___

第 17 课：　　从十三至十九减去 8 的模型。

读

Juliana 在坡道上滚下了 8 辆玩具车。如果她一开始时有 15 辆车在坡道上，Juliana 在坡道顶部还有几辆车？

画

单位的故事

写

第18课: 从十三至十九减去 8 的模型。

姓名 _____   日期 _____

1. 匹配图片与算式。

    a. 13 − 8 = 5

    b. 14 − 8 = 6

    c. 17 − 8 = 9

    d. 18 − 8 = 10

    e. 16 − 8 = 8

制作一个有 5-组行和一些一的数学图以解决以下问题。写出加法算式，说明减去 8 或 9 后如何相加各部分。

2.   11 − 8 = _____   _____

3.   12 − 8 = _____   _____

4.   15 − 8 = _____   _____

第 18 课：　　从十三至十九减去 8 的模型。

5. 19 − 8 = _____

6. 16 − 8 = _____

7. 16 − 9 = _____

8. 14 − 9 = _____

9. 展示如何使用组成十和减去十来解决两个算式。

   a. 6 + 8 = ___　　　b. 14 − 8 = ___

姓名 _____ 日期 _____

绘制 5-组行,然后划掉以解题。完成算式。写 2 + 个额外算式以帮助您将两个部分相加。

1. 14 − 8 = __

   2 + __ = __

2. 17 − 8 = __

   2 + __ = __

第 18 课: 从十三至十九减去 8 的模型。

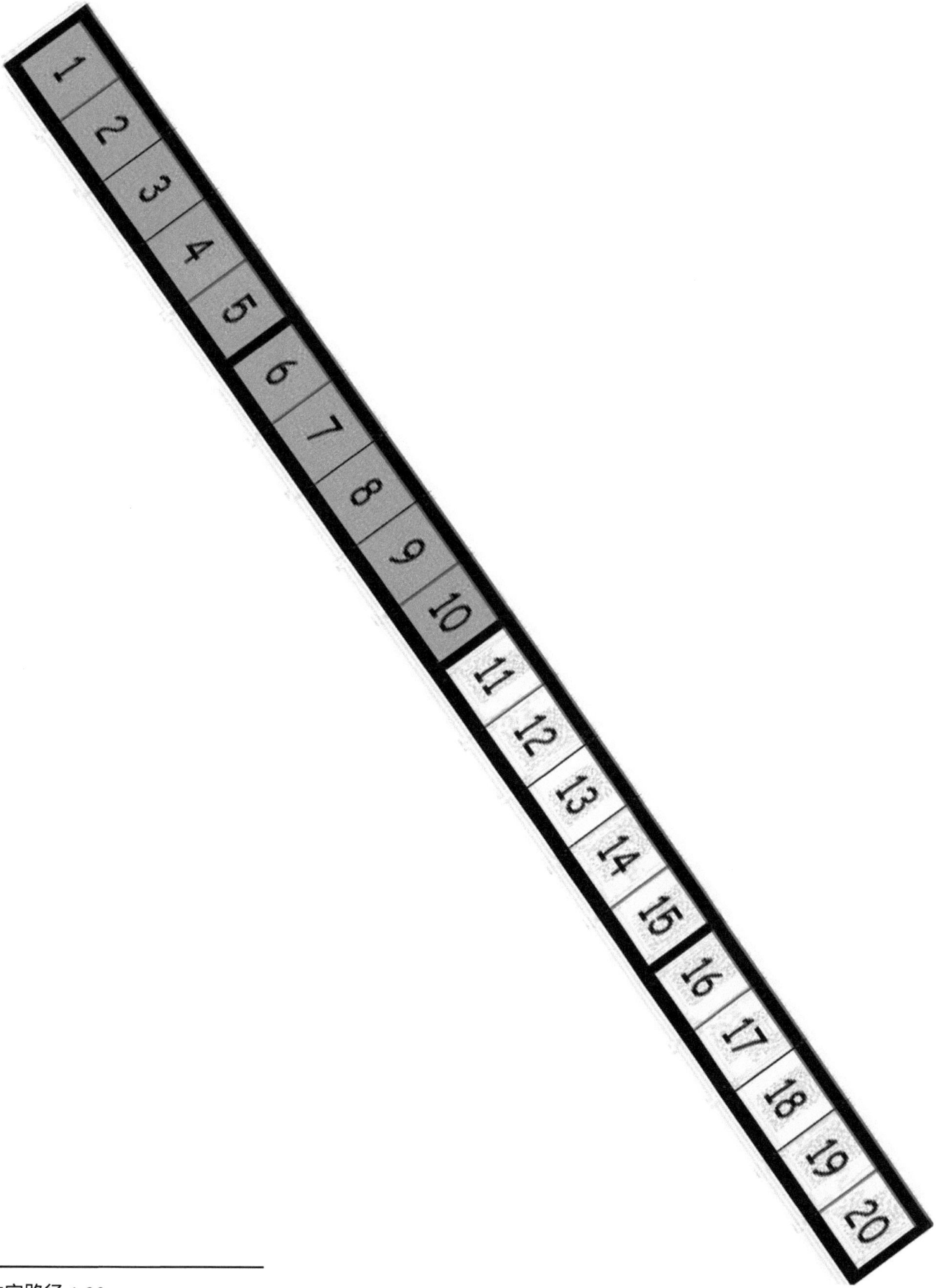

单位的故事 第18课掌握度模板2

数字路径 1-20

第18课: 从十三至十九减去8的模型。

读

Carla、Jose 和 Yannis 各有 8 颗樱桃。

他们都有更多的樱桃放进碗里。

现在，Carla 有 12 颗樱桃，Jose 有 14 颗樱桃，Yannis 有 16 颗樱桃。

他们每个碗里放进了多少颗樱桃？

为每个答案写一个算式。

画

写

_____

_____

_____

姓名 _____   日期 _____

使用一个数字链来显示您如何使用减去十策略来解决问题。

1. Kevin 有 14 支蜡笔。八支蜡笔坏了。他有几支蜡笔没有坏？

14 − 8 = ___

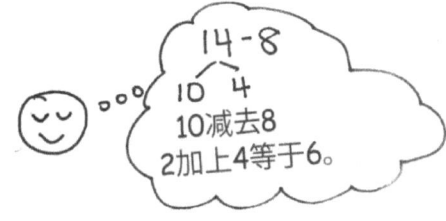

Kevin _____ 有支没坏的蜡笔。

使用数字链来表达您的想法。

2. 17 − 8 = ___

3. 18 − 8 = ___

使用计数解决。

4. 13 − 8 = ___

5. 15 − 8 = ___

| 1 | 2 | 3 | 4 | 5 | 6 | 7 | 8 | 9 | 10 | 11 | 12 | 13 | 14 | 15 | 16 | 17 | 18 | 19 | 20 |

通过使用减去十策略和计数来完成减法算式。检查对您来说似乎最简单的策略。

6. a. 12 - 8 = ___   b. 8 + ___ = 12   ☐ 减去十策略
       ∧   ☐ 计数

7. a. 11 - 8 = ___   b. 8 + ___ = 11   ☐ 减去十策略
       ∧   ☐ 计数

8. a. 16 - 8 = ___   b. 8 + ___ = 16   ☐ 减去十策略
       ∧   ☐ 计数

您使用其他策略了吗?

9. a. 19 - 8 = ___   b. 8 + ___ = 19   ☐ 减去十策略
       ∧   ☐ 计数

您使用其他策略了吗?

姓名 _____ 日期 _____

通过使用减去十策略和计数来完成减法算式。

| 1 | 2 | 3 | 4 | 5 | 6 | 7 | 8 | 9 | 10 | 11 | 12 | 13 | 14 | 15 | 16 | 17 | 18 | 19 | 20 |

1. a. 11 - 8 = ___ b. 8 + ___ = 11
   ∧

_____

2. a. 15 - 8 = ___ b. 8 + ___ = 15
   ∧

第 19 课: 比较计数和组成十的效率。

读

Imran 的铅笔盒里有 8 支蜡笔,桌子上有 7 支蜡笔。

Imran 总共有几支蜡笔?

画

写

_____

_____

_____

第 20 课: 从十三至十九减去 7、8 和 9。

姓名 _____   日期 _____

解决以下问题。使用图画或数字链子。

1. 11 - 9 = _____

2. 11 - 8 = _____

3. 13 - 9 = _____

4. 13 - 8 = _____

5. 13 - 7 = _____

6. 12 - 7 = _____

7. 匹配相同的表达式。

    a. 16 - 7   13 - 9

    b. 17 - 7   18 - 9

    c. 12 - 8   15 - 9

    d. 14 - 8   18 - 8

完成减法算式以使它们正确。

a.	b.	c.
8. 12 − 9 = ___	13 − 9 = ___	14 − 9 = ___
9. 12 − 8 = ___	13 − 8 = ___	14 − 8 = ___
10. 11 − 7 = ___	12 − 7 = ___	13 − 7 = ___
11. 16 − 9 = ___	18 − 9 = ___	17 − 9 = ___
12. 16 − ___ = 9	15 − ___ = 9	15 − ___ = 7
13. 15 − ___ = 6	11 − ___ = 3	16 − ___ = 7

姓名 _____   日期 _____

解决以下问题。使用图画或数字链。

a. 14 − 9 = ___   b. 14 − 7 = ___   c. 14 − 8 = ___

---

d. 16 − 7 = ___   e. 16 − 9 = ___   f. 16 − 8 = ___

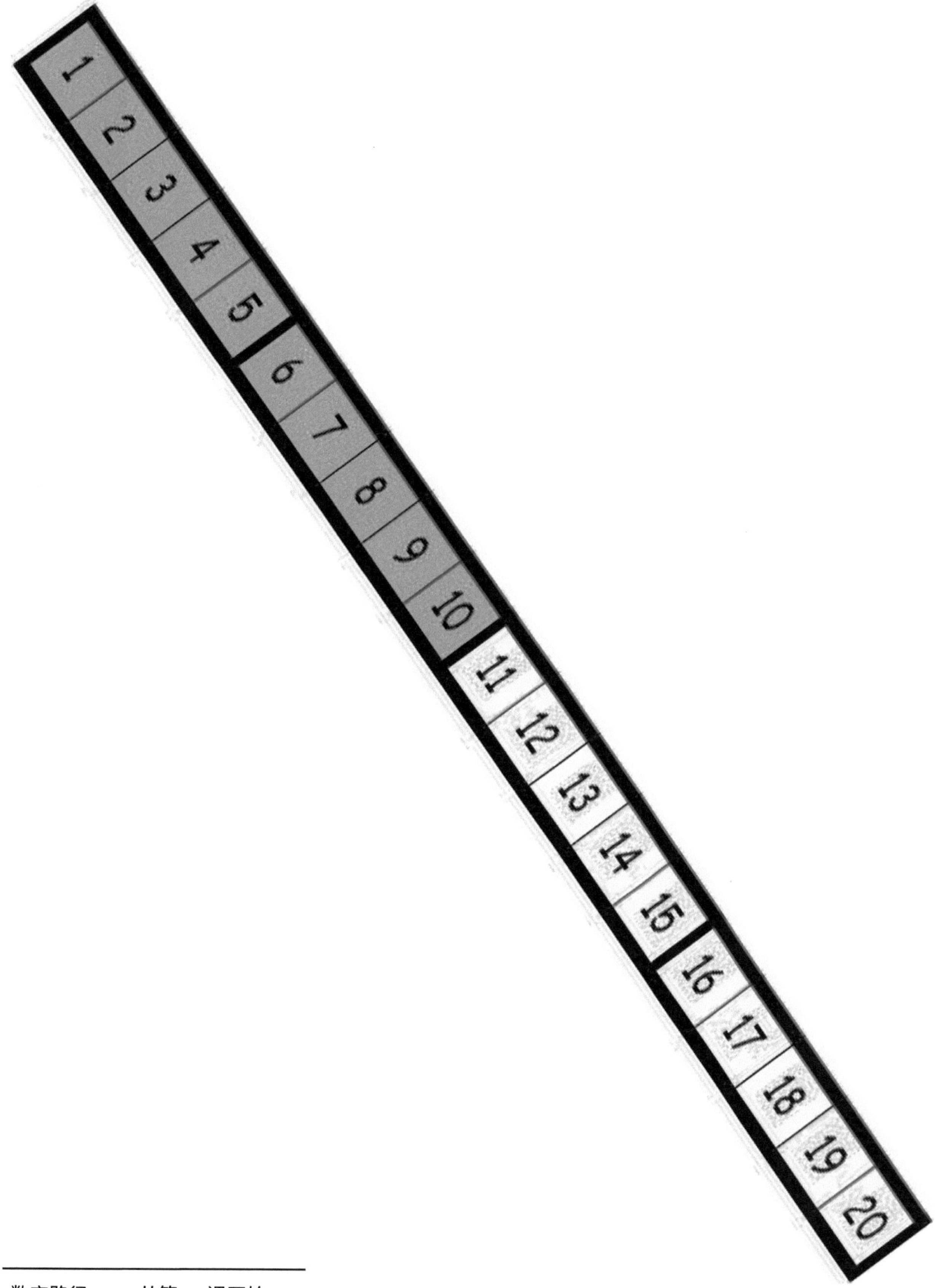

单位的故事 第 20 课掌握度模板 2

数字路径 1-20；从第 18 课开始

第 20 课： 从十三至十九减去 7、8 和 9。

读

教室里有 16 个阅读垫。如果使用 9 个阅读垫，仍然有多少个阅读垫可以使用？

画

写
_____

_____

_____

姓名 ____________________ 日期 ____________

公园里有 16 只狗在玩。七只狗回家了。
公园里还有几只狗？

1. 圈出所有与故事正确匹配的学生作业。

a.

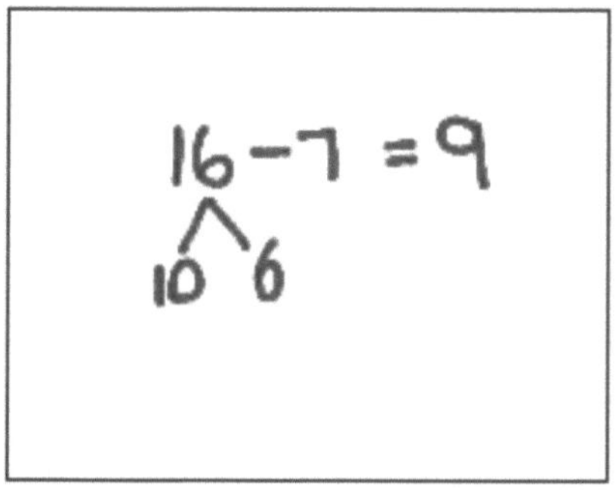

b.

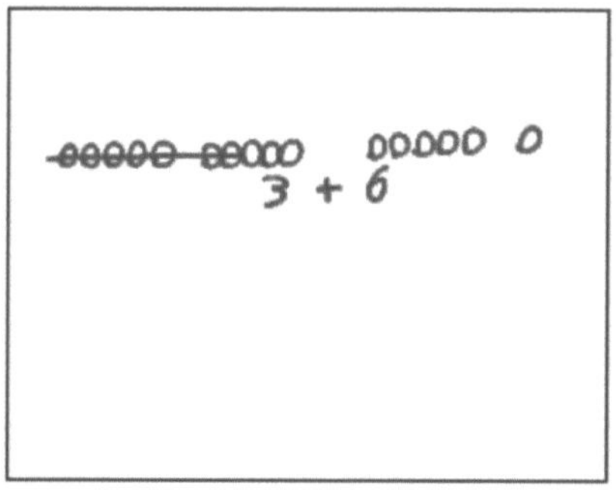

c.

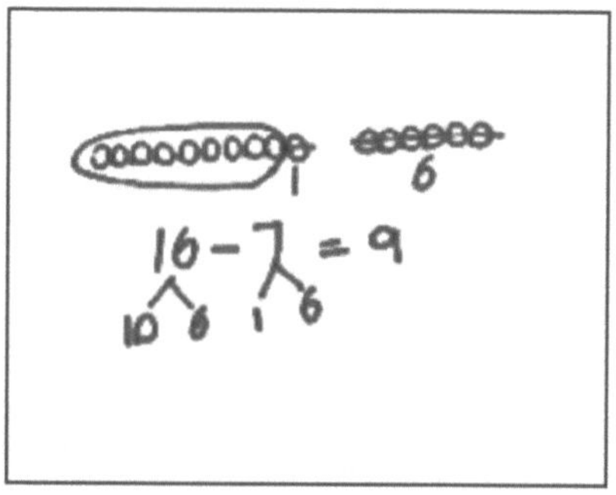

d.

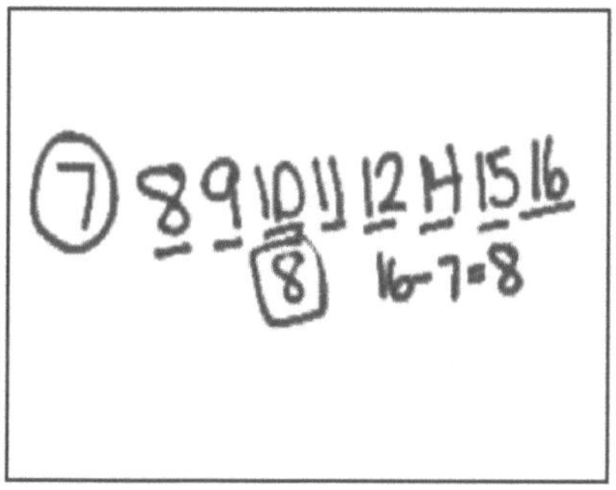

e.

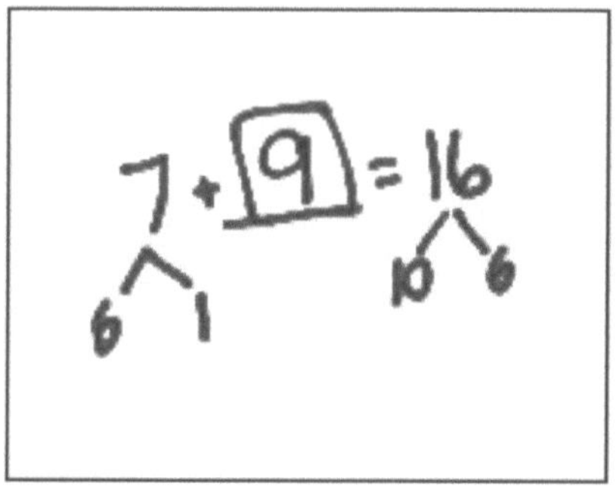

f.

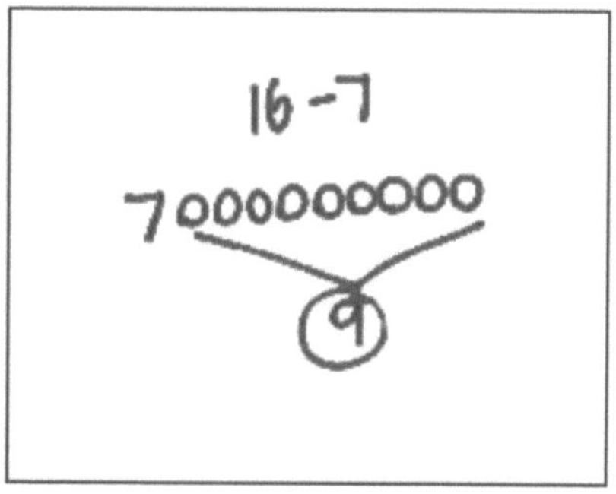

2. 通过在下面的空格中用匹配的算式制作一张新图画来修复不正确的作法。

自行解决。通过绘画或写作表达您的想法。写一个陈述来回答这个问题。

3. 盒子里有 12 块糖饼干。我和我的朋友吃了 5 块。盒子里还剩多少饼干?

4. Megan 从图书馆里借出了 17 本书。她读了其中的 9 本。她还剩下多少书可以阅读?

完成后,与合作伙伴共享您的解决方案。您的伴侣如何解决每个问题? 准备分享您的合作伙伴如何解决问题。

第 21 课: 分享和批评同学对*减去结果未知和分解但加数未知*的从十三到十九的文字问题。

单位的故事　　　　　　　　　　　　　　　　　　　　　　　　第 21 课退出票　　1•2

姓名 _____　　日期 _____

Meg 认为, 采用减去十策略是解决以下文字问题的
最好方法。Bill 认为使用
计数策略是解决问题的更好方法。用两种方法
解决问题, 然后说明您认为哪种策略是最好的。

策略:
- 减去 10
- 组成 10
- 计数
- 我就是知道

Mike 和 Sally 有 6 只猫。他们总共有 14 只宠物。他们有多少只不是猫的宠物?

| Meg 的策略 | Bill 的策略 |

我认为 _____ 策略是最好的, 因为 _____

_____

_____ .

第 21 课：　分享和批评同学对*减去结果未知和分解但加数未知的从十三到十九的文字问题*。

姓名 _____ 日期 _____

读文字问题。

画图与标记。

写一个算式和一个与故事以匹配故事。

1. 本周，Maria 吃了 5 个黄李子和一些红李子。如果她总共吃了 11 个李子；Maria 吃了多少个红色李子？

2. Tatyana 数了 14 只青蛙。她数到有 8 只在池塘里游泳，其余的坐在睡莲叶上。她数到多少只青蛙坐在睡莲座上？

第 22 课： 解决相加/分解但加数未知文字问题，并关联计数和减十策略。

3. 有一些孩子在操场上。八个在荡秋千，其余在玩捉人游戏。总共有 15 个孩子。多少个孩子在玩捉人游戏？

4. Oziah 读了一些非小说类的书。然后，他读了 7 本小说。如果他一共读了 16 本书，那么 Oziah 读过几本非小说类书籍？

与一位合作伙伴见面，并分享您的图画和算式。
与您的合作伙伴讨论您的图画如何与故事相匹配。

单位的故事　　　　　　　　　　　　　　　　　　　　　第22课退出票　　1•2

姓名 _____　　日期 _____

读文字问题。

画图与标记。

写一个算式和一个与故事以匹配故事。

请记住在算式中的解决方案周围画一个方框。

1. See 太太的班上有些学生是步行者。她班上总共有 17 名学生。如果有 8 名学生乘公交车，那么有多少学生是步行者？

2. 我为一次聚会烤了 13 条面包。有些被烧焦了，所以我把它们扔掉了。我把剩下的 8 条面包带到了聚会上。有几条面包烧焦了？

第22课：　解决相加/分解但加数未知文字问题，并关联计数和减十策略。　　137

读

早晨,榕树下的地板上有 8 片叶子。

白天,更多的叶子落在地板上。现在,地板上有 13 片叶子。白天落下了几片叶子?

画

写

姓名 _____ 日期 _____

读文字问题。
画图与标记。
写一个算式和一个与故事以匹配故事。

1. Janet 在一周内读了 8 本书。周末她读了一些书。她总共读了 12 本书。Janet 在周末读了几本书？

---

2. Eric 在本赛季打进了 13 球！他在决赛前打进了 5 球。Eric 在决赛期间打进了多少球？

3. 树枝上本来有 8 只瓢虫。后来来了更多瓢虫。然后，树枝上有 15 只瓢虫。后来来了几只瓢虫？

4. Marco 的朋友在学校给了他一些棒球卡。如果他的家人已经给了他 9 张棒球卡，而现在他总共拥有 19 张卡，那么他在学校获得了多少张棒球卡？

与一位合作伙伴见面，并分享您的图画和算式。与您的合作伙伴讨论您的图画如何与故事相匹配。

读文字问题。

画图与标记。

写一个算式和一个与故事以匹配故事。

Shanika 早上吃了 7 个迷你椒盐脆饼。她在下午吃了其余的迷你椒盐脆饼。那天她总共吃了 13 个迷你椒盐脆饼。Shanika 下午吃了多少个迷你椒盐脆饼?

读

昨天，我在树枝上看到 11 只鸟。另外有三只鸟飞到它们的树枝。那树枝上有几只鸟？

画

第 24 课： 制定策略来解决减去而未知变化问题。

写

_____

_____

_____

单位的故事

第 24 课问题集 1•2

姓名 _____ 日期 _____

读文字问题。

画图与标记。

写一个算式和一个与故事以匹配故事。

1. Jose 在岸上看到 11 只青蛙。一些青蛙跳入水中。现在,岸上有 8 只青蛙。多少只青蛙跳入了水中?

2. Cameron 把一些苹果送给姐姐。他还剩下 9 个苹果。如果他最初有 15 个苹果,他给了姐姐多少个苹果?

第 24 课: 制定策略来解决减去而未知变化问题。

147

3. Molly 有 16 本书。她借了一些书给 Gia。如果 Molly 剩下了 8 本书，Gia 借了几本书？

4. 18 只小山羊在外面玩。有些羊走进了谷仓。9 只羊留在外面玩。有几只小山羊走进了谷仓？

与一位合作伙伴见面，并分享您的图画和算式。与您的合作伙伴讨论您的图画如何描述故事。

单位的故事　　　　　　　　　　　　　　　　　　　　　　　第 24 课退出票　1•2

姓名 _____　　　日期 _____

读文字问题。

画图与标记。

写一个算式和一个与故事以匹配故事。

有 18 条狗在水坑里玩。一些狗走了。仍有 9 条狗在水坑里玩。还剩下几条狗？

第 24 课：　　制定策略来解决减去而未知变化问题。　　　　　　　149

读

Micah 有 16 辆玩具卡车,弄丢了 9 辆。Charles 有 1 辆玩具卡车,并从母亲那里又收到了 6 辆卡车。Micah 还是 Charles 有比较多玩具卡车?

画

写

第 25 课： 制定策略并应用对等号的理解以解决当量表达式。

单位的故事 第 25 课问题集 1•2

姓名 _____ 日期 _____

使用表达式卡来玩记忆游戏。写出匹配的表达式以构成实数算式。

1.
☐ = ☐

2.
☐ = ☐

3.
☐ = ☐

4.
☐ = ☐

5.
☐ = ☐

第 25 课: 制定策略并应用对等号的理解以解决当量表达式。

6. 使用剩下的表达式写一个实数算式。使用图画和文字来展示您如何知道两个表达式具有相同的未知数。

7. 使用您知道的其他事实写至少两个与上述类型相似的实正确式。

8. 以下加数算式是错误的。在每个问题中更改一个数字以构成正确算式，然后重写该算式。

   a. 8 + 5 = 10 + 2 _____

   b. 9 + 3 = 8 + 5 _____

   c. 10 + 3 = 7 + 5 _____

9. 以下减数算式是错误的。在每个问题中更改一个数字以构成正确算式，然后重写该算式。

   a. 12 - 8 = 1 + 2 _____

   b. 13 - 9 = 1 + 4 _____

   c. 1 + 3 = 14 - 9 _____

单位的故事 第 25 课退出票 1•2

姓名 _____ 日期 _____

您获得了这些新的表达式卡。写出匹配的表达式以构成实数算式。

| 8 + 9 | 12 - 7 | 19 - 2 | 2 + 15 |

| 3 + 2 | 10 + 7 | 14 - 9 | 1 + 4 |

☐ = ☐

☐ = ☐

☐ = ☐

☐ = ☐

第 25 课：　制定策略并应用对等号的理解以解决等价表达式。

155

读

Ruben 有 18 辆玩具车。他的玩具车架可容纳 10 辆玩具车。如果 Ruben 的车架已满，那么车架中有几辆车，而车架外有几辆车？

画

写

单位的故事　　　　　　　　　　　　　　　　　　　　　　　　　　　第 26 课问题集　　1•2

姓名 _____　　日期 _____

(圈出) 十。写下数字。多少个十和一？

1.

　　　等于

　　　____ 个十和 ____ 个一。

2.

　　　等于

　　　____ 个十和 ____ 个一。

3.

　　　等于

　　　____ 个一和 ____ 个十。

4

　　　等于

　　　____ 个十和 ____ 个一。

5.

　　　等于

　　　____ 个十和 ____ 个一。

第 26 课：　　通过重命名 10 的表示来确定 1 个十为单位。

159

使用隐藏零卡来显示总数、十和一。
写出有多少个十和一。

6. 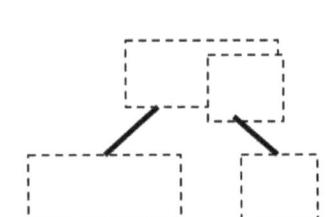 等于 _____ 个十和 _____ 个一。

7. 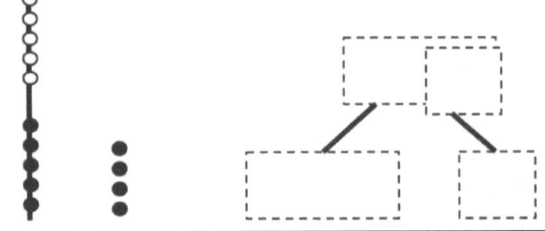 等于 _____ 个十和 _____ 个一。

8. 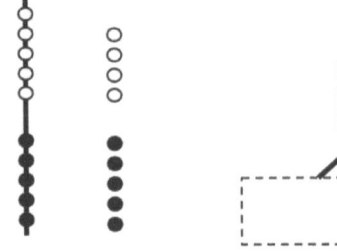 等于 _____ 个一和 _____ 个十。

将圆圈画成一个十和额外的一。有多少个十和一？

9. 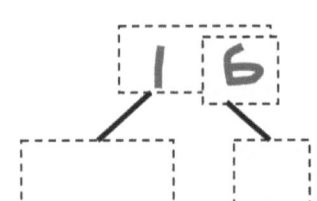 等于 _____ 个十和 _____ 个一。

10.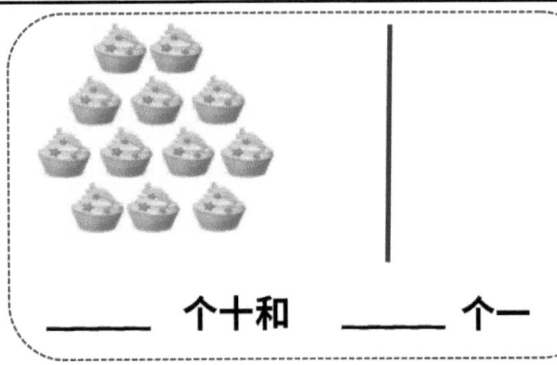

_____ 个十和 _____ 个一   _____ 个十和 _____ 个一

姓名 _____   日期 _____

将十和一图片与隐藏零卡进行匹配。有多少个十和一？

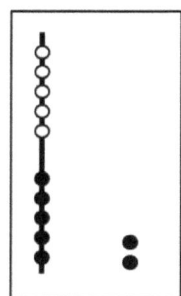 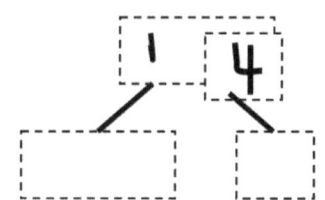 等于 ____ 个十和 ____ 个一。

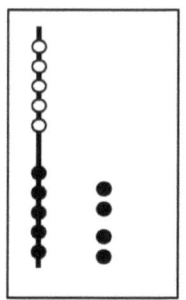 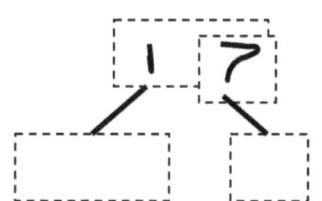 等于 ____ 个十和 ____ 个一。

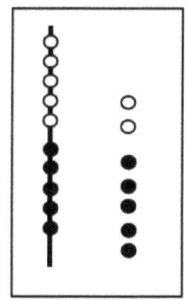 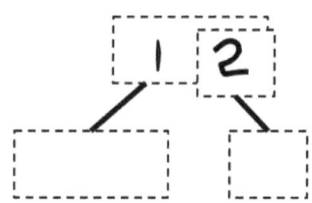 等于 ____ 个十和 ____ 个一。

读

Ruben 正在收拾他的 14 辆玩具车。他装满了车架，剩下 4 辆放不进去的玩具车。他的车架上可放几辆车？

画

写

单位的故事　　　　　　　　　　　　　　　　　　　　　　　　　　　第 27 课问题集

姓名 _____　　　日期 _____

解决问题。写出答案以显示有多少个**十**和**一**。

加。

1. 12 + 6 = ☐

   ____个十和 ____ 个一

2. 5 + 13 = ☐

   ____个十和 ____ 个一

3. 8 + 7 = ☐

   ____个十和 ____ 个一

4. ☐ = 8 + 12

   ____个十和 ____ 个一

减。

5. 17 - 4 = ☐

   ____个十和 ____ 个一

6. 17 - 5 = ☐

   ____个十和 ____ 个一

7. 14 - 6 = ☐

   ____个十和 ____ 个一

8. ☐ = 16 - 7

   ____个十和 ____ 个一

第 27 课： 解决加法和减法问题，将十三到十九分解和合成为 1 个十和一些一。

阅读文字问题。**画**图与标记。**写**一个算式和一个陈述以匹配故事。
重写您的答案以显示它的十和一。

9. Frankie 和 Maya 在海滩上堆了 4 个大沙堡。如果他们堆了 10 个小沙堡，他们总共堆了多少沙堡？

_____ 个十和 _____ 个一

10. Ronnie 有 8 个星星贴纸。她的朋友 Sina 又给了她 7 个。Ronnie 现在有几张贴纸？

_____ 个十和 _____ 个一

11. 我们将 14 个气球绑在派对桌子上，但有 3 个飘开了！桌子上还绑着几个气球？

_____ 个十和 _____ 个一

12. 我吃了 16 个草莓中的 5 个。我剩下了多少？

_____ 个十和 _____ 个一

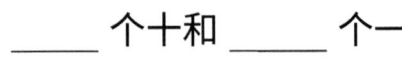

单位的故事

姓名 _____　　　　日期 _____

解决问题。写出答案以显示有多少个十和一。

1.
13 + 6 = ☐☐

____ 个十和 ____ 个一

2.
7 + 6 = ☐☐

____ 个十和 ____ 个一

阅读文字问题。画图与标记。写一个算式和一个陈述以匹配故事。重写您的答案以显示它的十和一。

3. Kendrick 去打保龄球。在前两回合中他击倒了 16 个瓶。如果他在第一回合中击倒了 9 个，在第二回合中击倒了多少个瓶？

____ 个十和 ____ 个一

第 27 课： 解决加法和减法问题，将十三到十九分解和合成为 1 个十和一些一。

读

Ruben 有 7 辆蓝色玩具车和 6 辆红色玩具车。如果 Ruben 把所有蓝色的玩具车都放进可以载 10 辆玩具车的车架中,那么有多少辆红色车会装在车架中,还有多少辆会被遗漏在车架之外?

画

写

_____

_____

_____

单位的故事　　　　　　　　　　　　　　　　　　　　　第 28 课应用题　　1•2

姓名 _____　　　　日期 _____

解决问题。分两步显示您的解决方案：

步骤 1：写一个算式来组成十。
步骤 2：写一个算式来加到十。

$9 + 4 = \boxed{1}\boxed{3}$

$9 + 1 = 10$
$10 + 3 = 13$

1. $9 + 5 = \boxed{\ }\boxed{\ }$

　　___ + ___ = ___

　　___ + ___ = ___

2. $8 + 6 = \boxed{\ }\boxed{\ }$

　　___ + ___ = ___

　　___ + ___ = ___

解题。然后，写一个陈述来显示您的答案。

3. Su-Hean 整理了一张拼贴着 9 张图片的照片。Adele 将另外 6 张图片拼贴在一起。他们使用了多少张图片？

　　__9__ + __6__ = ___

　　___ + ___ = ___

　　___ + ___ = ___

4. Imran 的铅笔盒里有 8 支蜡笔，桌子上有 7 支蜡笔。Imran 总共有几支蜡笔？

　　___ + ___ = ___

　　___ + ___ = ___

第 28 课：　以十为单位解决加法问题，并编写两步式的解决方案。

5. 在公园里,有 4 只鸭子在池塘里游泳。如果草地上有 9 只鸭子,那么公园里总共有多少只鸭子?

_____ + _____ = _____

_____ + _____ = _____

6. Cece 烤了 7 块白糖饼干和 8 块彩色饼干。Cece 烤了多少块饼干?

7. Payton 读了 8 本有关海豚和鲸鱼的书。她读了 9 本关于狗和猫的书。她总共读了几本关于动物的书?

姓名 _____   日期 _____

解决问题。写出答案以显示多少**个十**和**一**。

$9 + 7 = \boxed{1\ 6}$

$\underline{9 + 1 = 10}$
$\underline{10 + 6 = 16}$

1. $9 + 4 = \square\square$

____ + ____ = ____

____ + ____ = ____

2. $8 + 7 = \square\square$

____ + ____ = ____

____ + ____ = ____

第 28 课:　以十为单位解决加法问题,并编写两步式的解决方案。

读

Hae Jung 有 13 支记号笔,然后她给了 Lily 一些记号笔。如果 Hae Jung 剩下 5 支记号笔,那么她给了 Lily 几个标记?

画

写

_____

_____

_____

单位的故事　　　　　　　　　　　　　　　　　　　　　　　　第 29 课问题集　　1•2

姓名 _____　　　　日期 _____

解决问题。写出答案以显示有多少个 十 和 一。分两步显示您的解决方案：

步骤 1：写一个算式来减十。
步骤 2：写一个算式来添加其余部分。

| 1 | 2 | - 4 = 8
10 - 4 = 6
6 + 2 = 8

1.　| 1 | 4 | - 5 = ____

____ - ____ = ____

____ + ____ = ____

2.　| 1 | 3 | - 8 = ____

____ - ____ = ____

____ + ____ = ____

3. Tatyana 数了 14 只青蛙。她数到有 8 只在池塘里游泳，其余的坐在睡莲叶上。她数到了多少只青蛙坐在睡莲座上？

14 - 8 = ____

____ - ____ = ____

____ + ____ = ____

4. 本周，Maria 吃了 5 个黄李子和一些红李子。如果她总共吃了 11 个李子；Maria 吃了多少个红色李子？

____ - ____ = ____

____ + ____ = ____

第 29 课：　以十为单位解决减法问题，并分两步进行解决方案。

5. 一些孩子在操场上玩捉人游戏。八个荡秋千。如果总共有 16 个孩子在操场上,那么有多少个孩子在玩捉人游戏?

_____ - _____ = _____

_____ + _____ = _____

6. Oziah 读了一些非小说类的书。然后,他读了 6 本小说。如果他一共读了 18 本书,那么 Oziah 读过几本非小说类书籍?

7. Hadley 的外套上有 9 个纽扣。她的衬衫上还有一些纽扣。Hadley 的外套和衬衫上总共有 17 个纽扣。她的衬衫上有几个纽扣?

姓名 _____ **日期** _____

解决问题。写出答案以显示多少**个十**和**一**。

$\boxed{1\ 2} - 5 = 7$
$10 - 5 = 5$
$5 + 2 = 7$

1. $\boxed{1\ 5} - 6 = $ _____

   ____ - ____ = ____

   ____ + ____ = ____

2. $\boxed{1\ 4} - 8 = $ _____

   ____ - ____ = ____

   ____ + ____ = ____

第 29 课: 以十为单位解决减法问题,并分两步进行解决方案。

1年级

模块3

读

奈杰尔和科里都有长度相同的新铅笔。科里频繁用铅笔,因此需要将它削几次。奈杰尔根本不用他的铅笔。奈杰尔和科里比较铅笔。谁的铅笔更长?画一幅画来表达你的想法。

画

| 单位的故事 | 第1课应用题 |

写

_____

_____

_____

第1课: 直接比较长度，并考虑对齐端点的重要性。

姓名 _____ 日期 _____

写**长于**或者**短于**使句子正确。

1.

艾比 _____ 斑点。

2.

B _____ A。

3.

美国国旗帽

_____

厨师帽。

4.

更黑蝙蝠的翼展

_____

颜色稍浅蝙蝠的翼展。

5.

吉他B

_____

吉他A

第1课： 直接比较长度并考虑对齐端点的重要性。

单位的故事

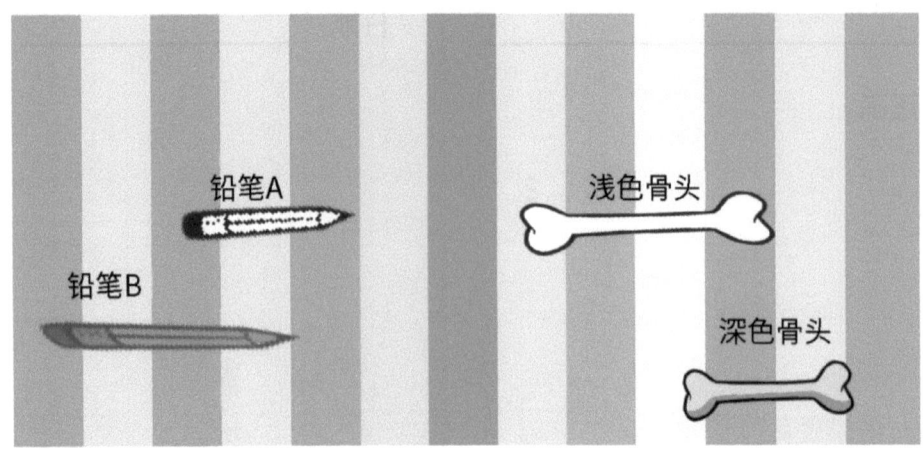

6. 铅笔B _____ 铅笔A

7. 深色骨头 _____ 浅色骨头。

8. 圈选正确或错误。
   浅色骨头短于铅笔A。**正确**还是**错误**

9. 找3个学校用品。从此处按顺序绘制它们，**从最短的**到**最长**。标记每个学校用品。

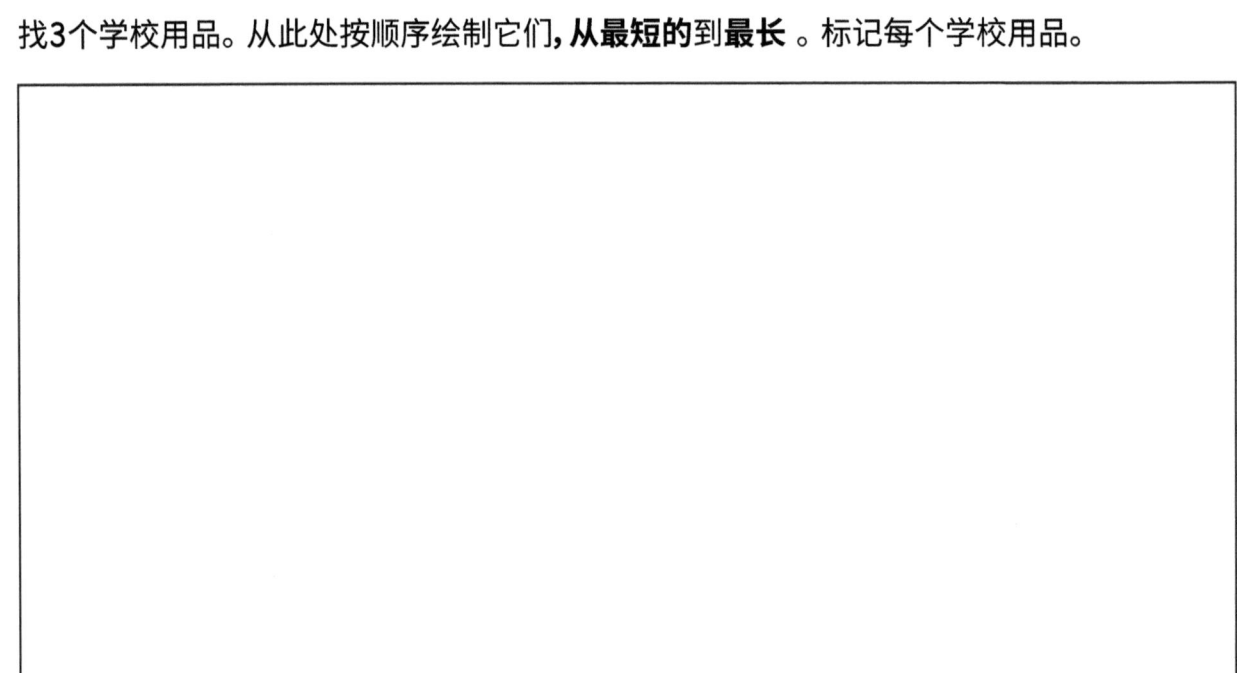

姓名 _____ 日期 _____

写**长于**或者**短于**，使句子正确。

A

B

鞋子A _____ 鞋B.

读

约旦有3个毛绒动物：长颈鹿，熊和猴子。长颈鹿比猴子高。熊比猴子矮。给动物画草图，从最矮到最高，以显示每只动物有多高。

画

写

_____

_____

_____

姓名 _____ 日期 _____

1. 使用老师提供的纸条测量每个**图片**。圈出您需要的单词，以使句子正确。然后，填写空白。

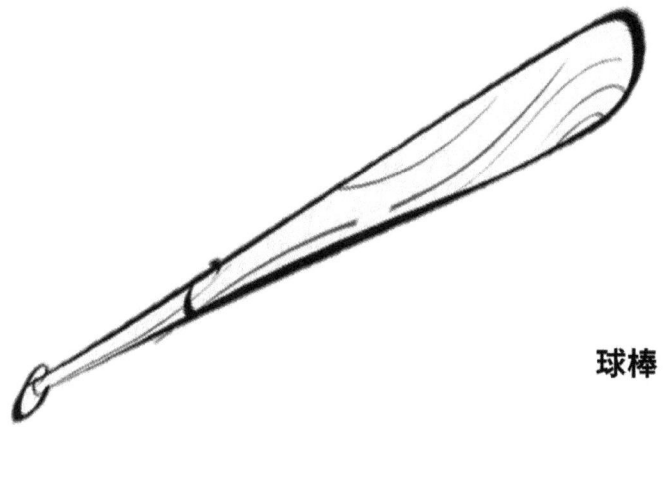

球棒 | 长于 短于 长度等于 | 纸条。

这本书 | 长于 短于 长度等于 | 纸条。

球棒 _____ 书 。

2. 完成这个句子,**使用长于，短于**，或者**长度**,以使句子正确。

 a.

 管子_____杯子。

 b.

 熨斗_____熨衣板。

使用习题1和2中的测量值。圈出使句子正确的单词。

3. 棒球棒比杯子（**更长/更短**）。

4. 杯子比熨衣板（**更长/更短**）。

5. 烫衣板比书（**更长/更短**）。

6. 将这些物品从最短到最长排序：

 杯子,管子和纸条

_____ _____ _____

画一幅画，以帮助您完成测量报告。圈出让每个陈述都正确的单词。

7. 萨米比迪昂高。
   珍妮尔比萨米高。
   迪昂（**高于/矮于**）珍妮尔

8. 劳拉的项链比米哈尔的项链长。
   劳拉的项链比萨拉的项链短。
   萨拉的项链（**长于/短于**）米哈尔的项链。

姓名 _____ 日期 _____

画一幅画，以帮助您完成测量报告。圈出使每个陈述正确的单词。

谭雅的娃娃比艾琳的娃娃矮。

米拉的娃娃比艾琳的娃娃高。

谭雅的娃娃（**高于/矮于**）米拉的娃娃。

如果 _____（教室对象） 比我的脚大，

并且

_____（教室对象） 比我的脚小，

那么

_____（教室对象） 长于

_____。
（教室对象）

我的脚和_____的长度差不多
（教室对象）

间接比较表

第2课： 通过查找对象使用间接比较来比较长度，长于、短于和长度等于一段绳子。

读

画一张图片以匹配以下两个句子：

这本书比索引卡长。这本书比文件夹短。

索引卡还是文件夹，哪个更长？写一个比较两个物品的语句。使用画图来帮助您回答问题。

画

写

第3课: 使用间接比较排序三个长度。

姓名 _____   日期 _____

1. 在游戏室中，Lu Lu剪了一根绳子，用来测量从娃娃屋到公园的距离。她拿了绳子，试图测量公园和商店之间的距离，但是她用尽了绳子！

   哪条路更长？圈出你的答案。

   娃娃屋到公园

   公园到商店

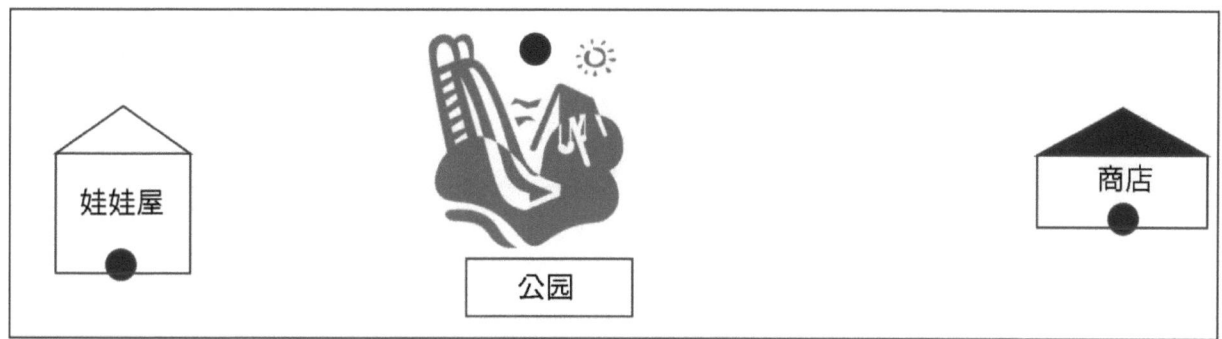

使用图片回答有关矩形的问题。

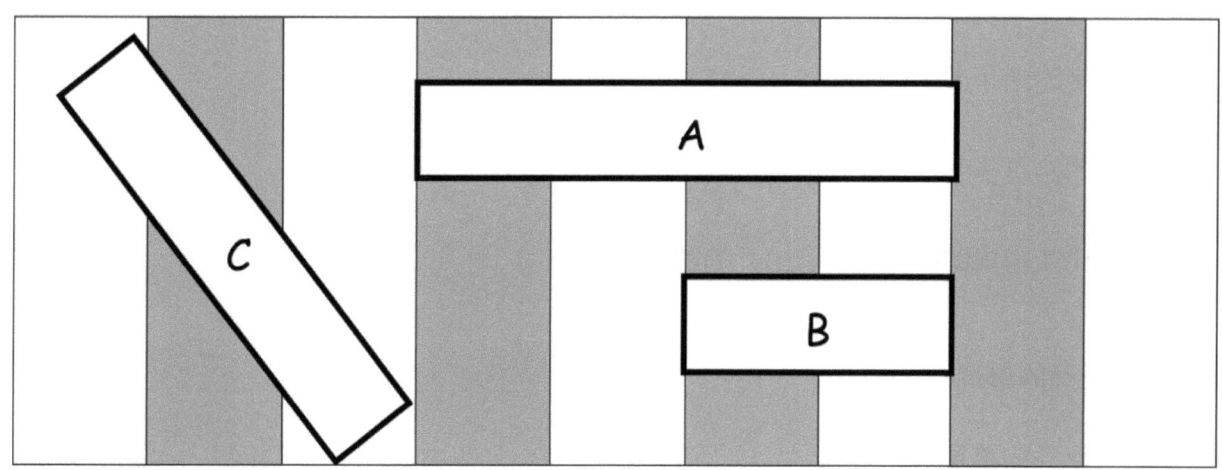

2. 哪个是最短的矩形？ _____

3. 如果矩形A长于矩形C，则最长的矩形为 _____ 。

4. 从最短到最长矩形排序：

   _____   _____   _____

第3课：　　使用间接比较排序三个长度。

使用图片回答有关学生上学路径的问题。

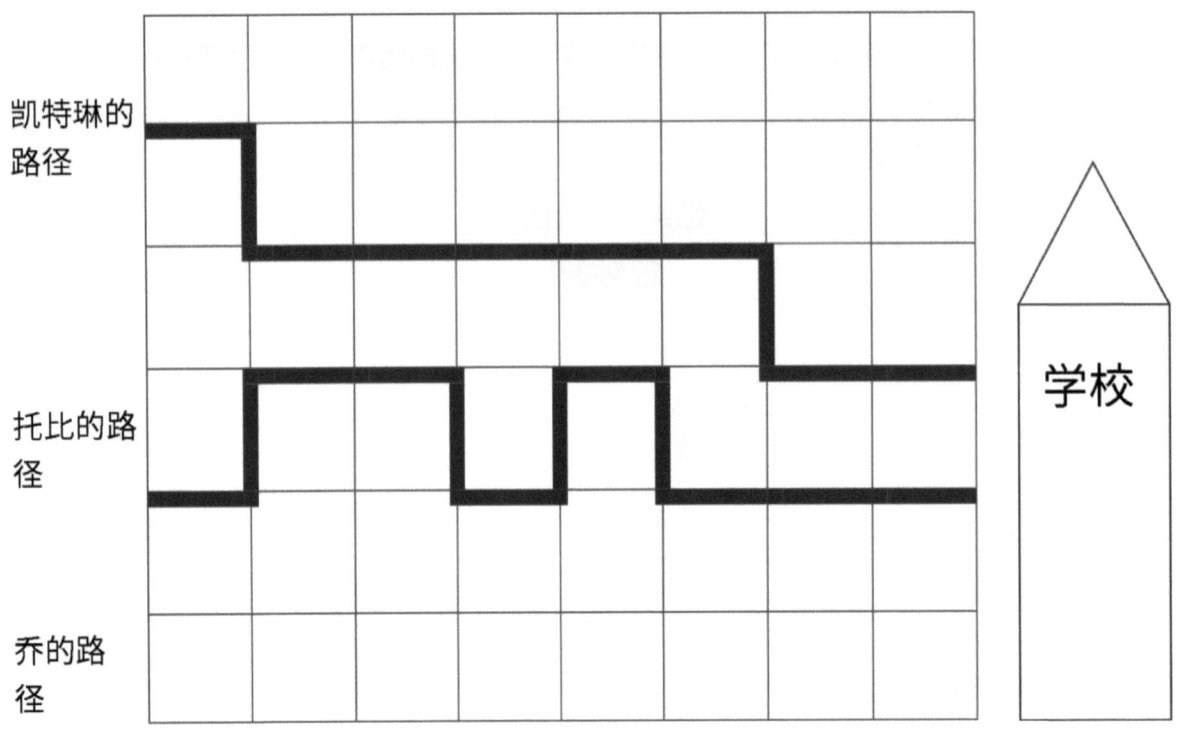

5. 凯特琳上学的路有多长？ _____ 个路口

6. 托比上学的路有多长？ _____ 个路口

7. 乔的路径比凯特琳的路径短。画出乔的路。

圈出使陈述正确的单词。

8. 托比的路比乔的路 **更长/更短**。

9. 谁走了最短(近)的路？ _____

10. 排序路径，从最短到最长。

_____   _____   _____

单位的故事　　　　　　　　　　　　　　　　　　　　　　　第3课退出票　　1•3

姓名 _____　　　日期 _____

使用图片回答有关学生前往博物馆路径的问题。

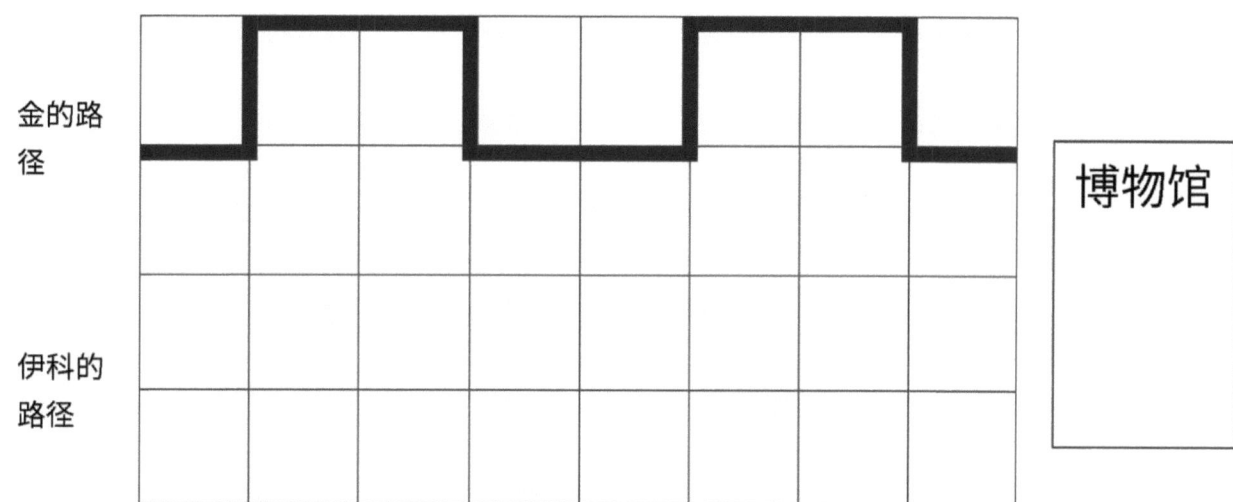

1. 金去博物馆的路有多长？_____ 个路径

2. 伊科的路经比金的路径短。画出伊科的路。

圈出使陈述正确的单词。

3. 金的路径比伊科的路径 **更长/更短**

4. 伊科到博物馆的路有多长？_____ 个路口

第3课：　　　使用间接比较排序三个长度。

单位的故事

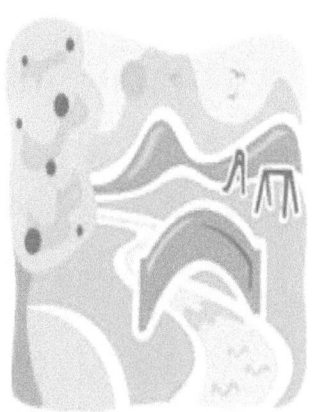

公园

城市街区网格

第3课： 使用间接比较排序三个长度。

读

乔放置绳子,从他的房间到姐姐的房间,以测量他们之间的距离。当他尝试使用同一根绳子测量从他的房间到兄弟房间的距离时,绳子不够长!哪个房间到乔的房间更近,姐姐的房间或兄弟的房间?

画

写

姓名 _____ 日期 _____

用立方体测量每张照片的长度。完成以下句子。

1. 铅笔是 _____ 厘米立方块长。

2. 锅是 _____ 厘米立方体长。

3. 鞋子是 _____ 厘米立方体长。

4. 瓶子是 _____ 厘米立方体长。

5. 刷子是 _____ 厘米立方体长。

6. 袋子是 _____ 厘米立方体长。

7. 蚂蚁是 _____ 厘米立方体长。

8. 纸杯蛋糕是 _____ 厘米立方体长。

第4课： 使用厘米立方体作为长度单位来表示物品的长度，以无间隙或重叠的方式进行测量。

9.

牛贴纸是 _____ 厘米立方块长。

10.

花瓶是 _____ 厘米立方体长。

11. 圈出显示正确测量方式的图片。

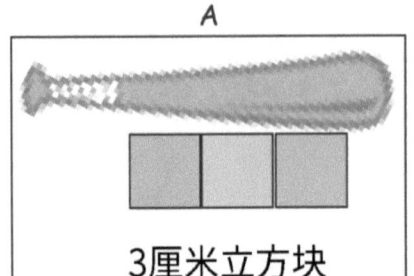
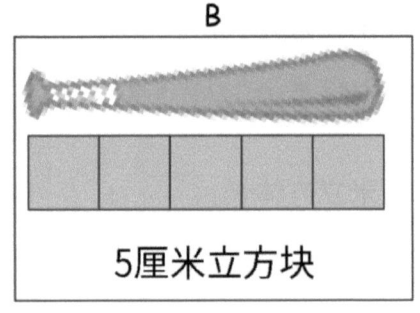

12. 您如何解决显示错误测量的图片？

_____

_____

姓名 _____ 日期 _____

1.

相框约_____厘米立方体长。

2.

这个男孩的拐杖关于_____厘米立方体长。

姓名 _____   日期 _____

教室的东西	使用厘米立方体的长度
胶棒	_____ 厘米立方块长
干擦记号笔	_____ 厘米立方块长
工艺棒	_____ 厘米立方块长
回形针	_____ 厘米立方块长
	_____ 厘米立方块长
	_____ 厘米立方块长
	_____ 厘米立方块长

测量记录表

第4课： 使用厘米立方体作为长度单位来表示物品的长度，以无间隙或重叠的方式进行测量。

读

艾米用厘米立方块测量她的书的长度。她使用了8个黄色厘米立方体和4个红色厘米立方体。她的书有几厘米立方块长?

画

写

姓名 _____ 日期 _____

1. 圈出正确测量的物品。

   a.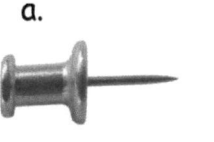

   3厘米长

   b.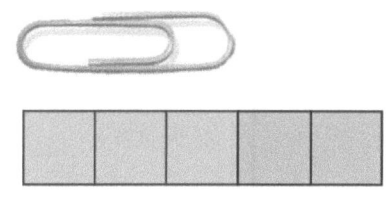

   5厘米长

   c.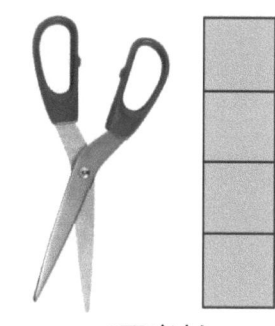

   4厘米长

2. 用立方体测量1(b)中的回形针。然后，使用厘米标尺检查立方体。

   回形针是 _____ 厘米立方块长。

   回形针是 _____ 厘米长。

   准备解释为什么在汇报中这些相同或不同！

3. 使用厘米立方体测量从左到右每张图片的长度。完成有关每张图片的长度（以厘米为单位）的说明。

   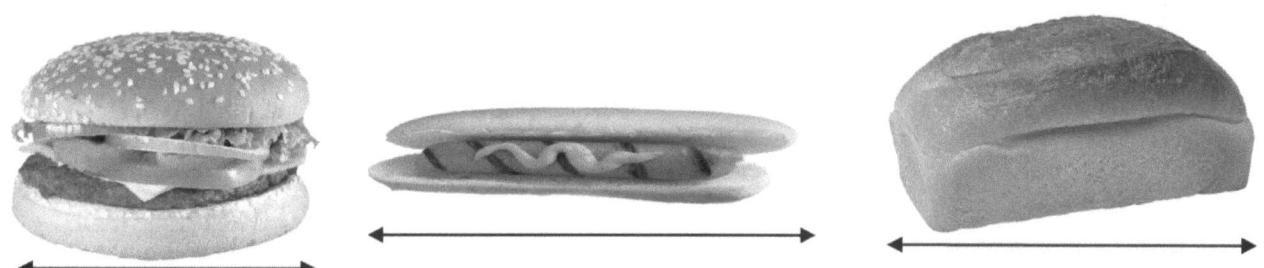

   a. 汉堡包图片是 _____ 厘米长。

   b. 热狗图片是 _____ 厘米长。

   c. 面包图片是 _____ 厘米长。

4. 使用厘米立方体测量下面的物品。填写每个物品的长度。

a.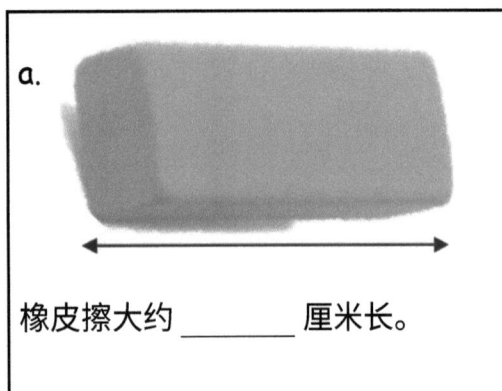

橡皮擦大约 _____ 厘米长。

b.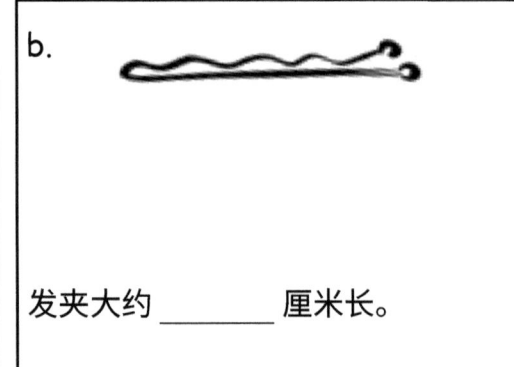

发夹大约 _____ 厘米长。

c.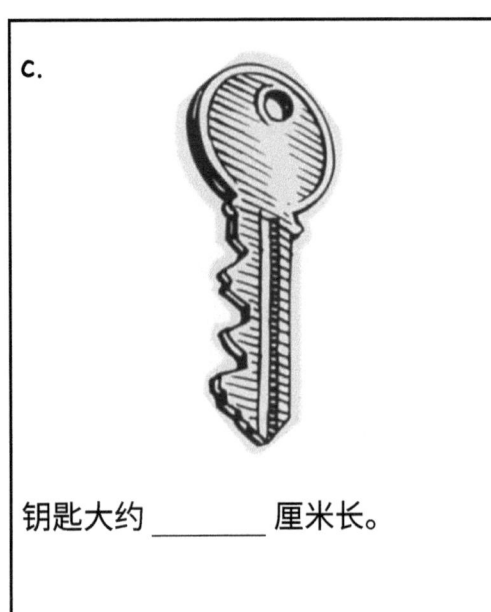

钥匙大约 _____ 厘米长。

d.

记号笔大约 _____ 厘米长。

5. 橡皮擦长于 _____ ,但短于 _____ 。

6. 圈出使句子正确的单词。

   如果回形针短于钥匙,那么记号笔 **长于/短于** 回形针。

姓名 _____ 日期 _____

使用厘米立方体测量项目。完成句子。

1. 水瓶大约 _____ 厘米高。

2. 瓜是大约 _____ 厘米长。

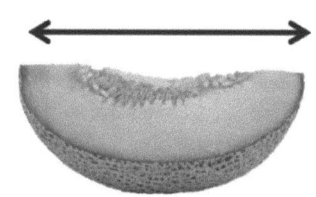

3. 螺丝大约 _____ 厘米长。

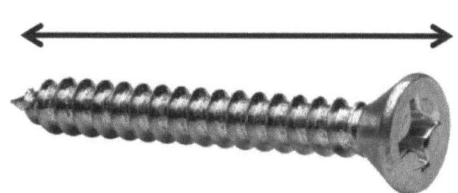

4. 雨伞大约 _____ 厘米高。

读

朱莉娅的棒棒糖长15厘米。她用9个红色厘米立方体和一些蓝色厘米立方体测量了棒棒糖。她用了多少个蓝色厘米立方体？记住要使用读画写过程。

画

写

_____

_____

_____

第6课： 排序，测量并比较用厘米立方块测量之前和之后的物品长度，求解比较差异未知字问题。

姓名 _____   日期 _____

1. 通过在各行上编写虫子名称，从长到短对虫子进行排序。使用厘米立方体检查您的答案。在图片右边的空格中写下每个虫子的长度。

   从最长到最短的虫子是

   _____   _____   _____

   飞行

      ____ 厘米

   毛毛虫

      ____ 厘米

   蜜蜂

      ____ 厘米

2. 使用数字1、2和3，从最短到最长对下面的物品进行排序。使用厘米立方体检查您的答案，然后完成句子d, e, f和g。

   a. 喇叭：_____

   b. 气球：_____

   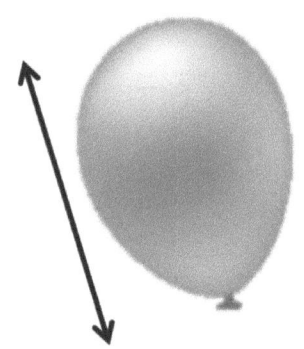

   c. 礼物：_____

   d. 礼物大约 _____ 厘米长。

   e. 喇叭大约 _____ 厘米长。

   f. 气球大约 _____ 厘米长。

   g. 喇叭大约 _____ 比礼物长几厘米。

使用厘米立方体来模拟每个长度,然后回答问题。为您的答案写一份声明。

3. 彼得的玩具霸王龙高11厘米,而他的玩具迅猛龙高6厘米。霸王龙比迅猛龙高多少?

4. 米格尔的铅笔削了17厘米,索尼娅的铅笔削了9厘米。索尼娅的铅笔削的比米格尔的铅笔削的少多少?

5. 塔尼亚做的立方体塔比文斯的塔高3厘米。如果文斯的塔高9厘米,塔尼亚的塔有多高?

姓名 _____ 日期 _____

阅读工具图片的尺寸。

扳手长8厘米。

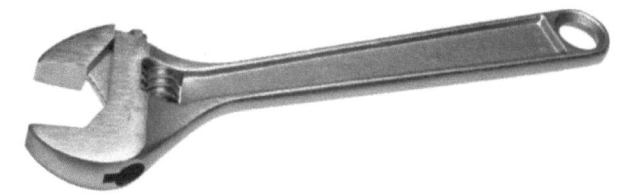

螺丝刀长12厘米。

锤子长9厘米。

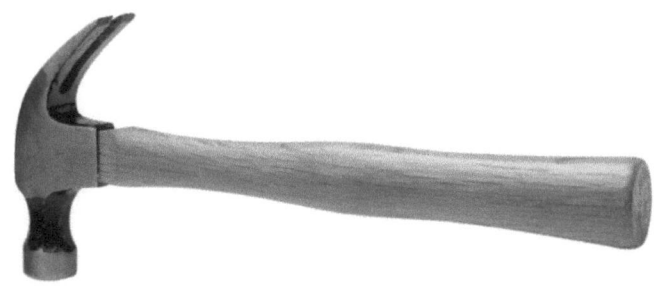

1. 从最短到最长排序工具图片。

   _____ _____ _____

2. 螺丝刀比扳手长多少?

   螺丝刀比扳手长____厘米。

读

当科里测量他的新铅笔时,他使用19个厘米立方体。他削这只铅笔之后,他需要少4个厘米立方体。科里削尖后的铅笔有多长?使用厘米立方块解决此问题。写一个数字句子和一个陈述来回答这个问题。

画

写

单位的故事 第7课问题集 1·3

姓名 _____   日期 _____

1. 用**大**曲别针测量每个物体的长度。用您的测量值填写表格。

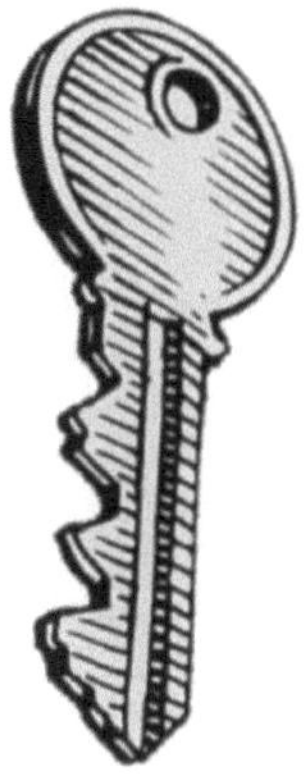

物品名称	大回形针数量
a. 瓶子	
b. 毛毛虫	
c. 钥匙	
d. 钢笔	
e. 牛贴纸	
f. 习题集作业纸 ↕	
g. 阅读书（教室）	

奶牛

第7课： 同时使用不同的非标准单位测量主题B中的相同对象，以了解需要使用一致的单位进行测量。

231

2. 用小曲别针测量每个物体的长度。用您的测量值填写表格。

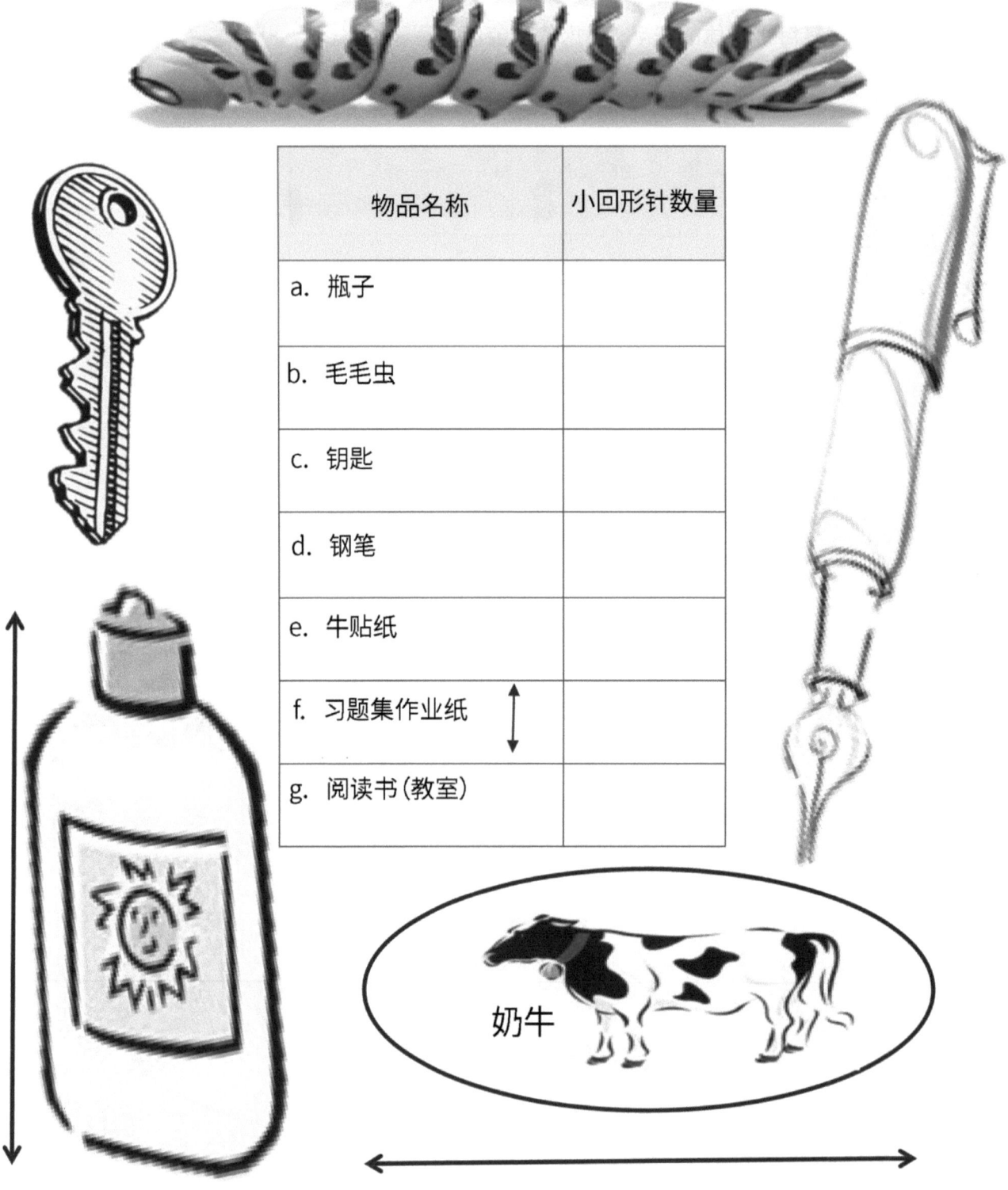

物品名称	小回形针数量
a. 瓶子	
b. 毛毛虫	
c. 钥匙	
d. 钢笔	
e. 牛贴纸	
f. 习题集作业纸	
g. 阅读书（教室）	

姓名 _____   日期 _____

用**大**曲别针测量每个物体的长度。然后,测量每个物品,用**小**曲别针。用您的测量值填写表格。

物品名称	大回形针数量	小回形针数量
a. 丝带		
b. 蜡烛		
c. 花瓶和花		

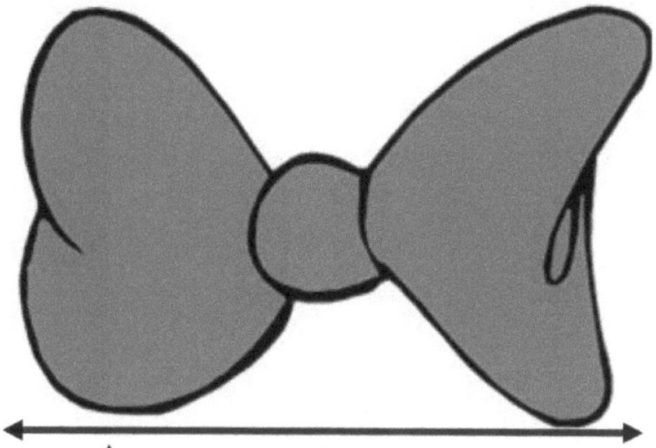

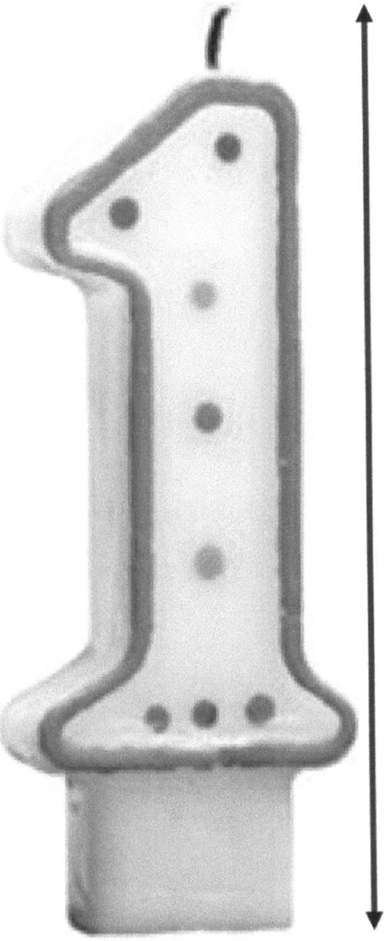

第7课: 同时使用不同的非标准单位测量主题B中的相同对象,以了解需要使用一致的单位进行测量。

读

我有两个蜡笔。每个蜡笔长9厘米立方块长。我还有一支画笔。画笔的长度与2支蜡笔的长度相同。画笔多少厘米立方块长？使用厘米立方块解决此问题。然后，画一幅画，并写一个数字句子和一个陈述来回答这个问题。

画

单位的故事

写

姓名 _____ 日期 _____

圈出将用于测量的长度单位。对所有物品使用相同的长度单位。

小回形针　　　　　　　　　　大回形针

牙签　　　　　　　　　　　　厘米立方块

测量表格上列出的每个物品,并记录测量值。添加教室中其他物品的名称,并记录其测量值。

课堂物品	测量值
a. 胶棒	
b. 干擦记号笔	
c. 未削尖的铅笔	
d. 个人白板	
e.	
f.	
g.	

第8课： 了解在与其他测量值进行比较时需要使用相同单位的必要性。

单位的故事　　　　　　　　　　　　　　　　　　　　　　　　　　　第8课退出票　1•3

姓名 _____　　日期 _____

圈出将用于测量的长度单位。对所有物品使用相同的长度单位。

小回形针　　　　　　　　　　　　　　大回形针

牙签　　　　　　　　　　　　　　　　厘米立方块

在办公桌上选择两个要测量的对象。测量每个对象，并记录测量值。

课堂物品	测量值
a.	
b.	

第8课：　　了解在与其他测量值进行比较时需要使用相同单位的必要性。

读

科里买了超酷的超长蜡笔,长度为14厘米。他的普通蜡笔长9厘米。使用厘米立方块来找出科里的新蜡笔比普通蜡笔长多少。

写一个陈述来回答这个问题。写一个数字句子以显示你所作的。

画

写

_____

_____

_____

姓名 _____   日期 _____

1. 看下面的图片。吉他A比吉他B长多少呢？

吉他A比吉他B长_____个单位。

2. 用厘米立方块测量每个对象。

蓝色的笔是 _____ _____。

黄色的笔是 _____ _____。

3. 黄色笔比蓝色笔长多少？

   黄笔比蓝色笔长_____厘米。

4. 蓝色笔比黄色笔短多少？

   蓝色笔比黄色笔短_____厘米

使用厘米立方体来模拟每个问题。然后，通过画一张模型图来解决，并写一个数字算式和一个陈述。

5. 奥斯丁想做一个长13厘米的火车。如果他的火车是已经9厘米立方块长，他还需要多少个立方体呢？

6. 基亚的船长12厘米，梅根的船长8厘米。梅根的船比基亚的船短多少？

7. 金为妈妈剪了一条14厘米长的丝带。她妈妈说丝带长出了8厘米。丝带应该多**长**呢？

8. 小李的狗的尾巴长15厘米。如果基特的狗的尾巴长9厘米，小李的狗的尾巴比基特的狗的尾巴长多少？

姓名 _____ 日期 _____

使用厘米立方体来模拟问题。然后，绘制模型的图片。莫娜的头发长7厘米。克莱尔的头发长15厘米。莫娜的头发比克莱尔的头发短多少？

读

桌子上有14个物品要测量。我已经测量了它们中的5个。还有多少个要测量?

画

写

还有 ⬜ 个要测量的物品。

姓名 _____ 日期 _____

要求一群人说出他们最喜欢的颜色。使用计数标记整理数据,并回答问题。

红色	
绿色	
蓝色	

1. 多少人选择红色作为他们最喜欢的颜色? _____ 人喜欢红色。

2. 有多少人选择蓝色作为他们最喜欢的颜色? _____ 人喜欢蓝色。

3. 有多少人选择绿色作为他们最喜欢的颜色? _____ 人喜欢绿色。

4. 哪种颜色的选票数最少? _____

5. 写一个数字算式,说明被问到自己喜欢的颜色的人的总数。

_____

姓名 _____ 日期 _____

一群学生被问到他们午餐吃了什么。使用下面的数据来回答以下问题。

学生午餐

午餐	学生人数
三明治	3
沙拉	5
比萨	4

1. 吃比萨的学生人数是多少？_____ 个学生

2. 吃哪种午餐**的**学生人数最多？_____

3. 吃披萨或三明治的学生总数是多少？

    _____ 个学生

4. 写一道加数算式，表示被问及午餐吃什么的学生总人数。

    _____

第10课： 收集，分类和组织数据；然后询问并回答有关数据点数量的问题。

读

拉里问他的朋友,狗或猫是否更聪明。他的9位朋友认为狗更聪明,而6位朋友则认为猫更聪明。做一个表格显示拉里的数据收集。他问了几个朋友?

画

写

姓名 _____ **日期** _____

欢迎来到数据日！按照指示**收集**和**组织**数据。然后，**问**和**回答**关于数据的问题。

- 选择一个问题。圈选您的选择。
- 选择3个答案选项。
- 向同学询问问题，并向他们展示3个选项。在分类表上记录数据。
- 整理下表中的数据。

哪种水果你最喜欢？	哪种零食你最喜欢？	你最喜欢在操场做什么？	你最喜欢哪个学校科目？	你最想成为哪种动物？

答案选择	学生人数

第11课： 收集，分类和组织数据；然后询问并回答有关数据点数的问题。

- 完成疑问句框，以询问有关您的数据的问题。
- 与合作伙伴交换文件，然后让您的合作伙伴回答您的问题。

1. 有多少学生最喜欢 _____？

2. 哪个类别的投票数最少？_____

3. 有多少学生喜欢 _____ 多过 _____？

4. 最喜欢 _____ 或 _____ 的学生总数是多少？

5. 有多少学生回答了这个问题？您如何知道？

姓名 _____ 日期 _____

一个班级收集了下表中的信息。学生互相问：在毛绒动物，玩具车和积木中，您最喜欢的玩具是什么？

然后，他们整理了此表中的信息。

玩具	学生人数
毛绒动物	11
玩具车	5
积木	13

1. 有多少学生选择了玩具车？ _____

2. 选择积木的学生比选择毛绒动物的学生多多少？ _____

3. 有多少学生需要选择玩具车才能等于选择积木的学生人数？ _____

读

金斯顿的班去动物园游玩。他收集了有关他最喜欢的非洲动物的数据。他看到了2头狮子,11头大猩猩和7匹斑马。他的表格会是什么样子?写下同学们看看表格就可以回答的一个问题。

画

写

_____

_____

_____

姓名 _____   日期 _____

没有间隙、不重叠，用正方形来表示图片中的数据。小心排好你的**方格**。

最喜欢的冰淇淋口味   ☐ = 1名学生

	学生人数
☐ 香草	
■ 巧克力	

风味（左侧标签）

1. 喜欢巧克力的学生比喜欢香草的学生多多少？ _____ 个学生

2. 被询问他们最喜欢的冰淇淋口味的学生总数是多少？

_____ 个学生

鞋带类型	学生人数
魔术贴	☐☐☐☐
鞋带	☐☐☐☐☐☐☐
无鞋带	☐☐☐☐☐☐

☐ = 1名学生

3. 写一个数字句子以显示多少**总**学生被问到他们的鞋子。

_____

4. 写一个数字句子以显示鞋上用魔术贴的比系鞋带的学生少多少。

_____

班上的每个学生都添加了一个便签，以展示他或她喜欢的宠物类型。使用图形回答问题。

最喜欢的宠物　　　😊 = 1名学生

狗	鱼	猫
9	4	6

（学生人数：狗 9，鱼 4，猫 6）

5. 有多少学生选择狗或猫作为他们最喜欢的宠物？

_____ 个学生

6. 选择狗作为他们最喜欢的宠物的学生，比选择猫作为最喜欢宠物的学生，多多少？

_____ 个学生

7. 选择猫的学生比选择鱼的学生多多少？

_____ 个学生

姓名 _____ **日期** _____

没有间隙、不重叠，用正方形来表示图片中的数据。小心排好你的**方格**。

动物园里最喜欢的动物

	学生人数
长颈鹿	
大象	
狮子	

动物园动物

每张图片代表1名学生的投票。

1. 写一个数字算式以显示在动物园**总共有多少**学生被问到他们最喜欢的动物。

   _____

2. 写一个数字算式，显示喜欢大象的学生比喜欢长颈鹿的学生少多少。

   _____

读

佐伊为她的三个最亲密的朋友制作了友谊项链。做个图显示她使用的珠子的两种颜色。她为莉莉使用了8个绿色珠子,为贾米尔使用了4个紫色珠子,为萨竺使用了12个绿色珠子。她用了多少个绿色珠子?

画

写

姓名 _____ 日期 _____

使用图形回答问题。填写空白,并在右边写一个数字句子以解决问题。

上学日天气   □ = 1天

阳光明媚 ☀	多雨 ☂	多云 ☁

上学天数

1. 多云比晴天多多少天?

   多云比雨天多 _____ 天。_____

2. 多云比雨天少多少天?

   多云比雨天多 _____ 天。_____

3. 雨天比晴天多多少天?

   雨天比晴天多 _____ 天。_____

4. 全班有多少天跟踪天气?

   全班记录了总共 _____ 天。_____

5. 如果接下来的3个上学日是晴天,那么总共有多少个上学日会是晴天?

   _____ 天将是晴天。_____

第13课: 询问和回答有关三个类别的数据集的各种单词问题类型。

使用图形回答问题。填写空白,并写一个数字句子,以帮助您解决问题。

最喜欢的水果　　😊 = 1名学生

	🍎	🍌	🍇
上学天数	6	5	4

6. 选择香蕉的学生比选择苹果的学生少多少？

   选择香蕉的学生比选择苹果的学生少 _____ 个。_____

7. 选择香蕉比选择葡萄的学生多多少？

   选择香蕉的学生比选择葡萄的学生多 _____ 个。_____

8. 选择葡萄的学生比苹果少多少？

   选择葡萄的学生比选择苹果的学生少 _____ 个。_____

9. 还有更多的学生回答了他们最喜欢的水果。如果回答的学生新总数为20，那么又有多少学生回答了？

   还有 _____ 个学生回答了这个问题。_____

单位的故事   第13课退出票   1•3

姓名 _____ 日期 _____

使用图形回答问题。

莉莉农场的动物   ☐ = 1只动物

羊	牛	猪
3	7	5

动物数量

1. 莉莉的农场总共有几只动物？ _____ 只动物

2. 莉莉的农场里的绵羊比猪少多少只？ _____ 只羊

3. 莉莉农场的母牛比绵羊多多少？ _____ 只牛

第13课： 询问和回答有关三个类别的数据集的各种单词问题类型。

鸣谢

Great Minds® 竭尽全力获得转载所有版权教材的许可。如对任何版权材料的拥有人未在此致谢，请联系 Great Minds，以在未来的版本以及本模块的转载中获得正确的致谢。

Printed by Libri Plureos GmbH in Hamburg, Germany